Deutschlands alte Bäume

Stefan Kühn (Text)
Bernd Ullrich
Uwe Kühn

Deutschlands alte Bäume

Eine Bildreise zu den sagenhaften Baumgestalten zwischen Küste und Alpen

blv

Inhalt

Was im erweiterten Bildband zu sehen und zu lesen ist

»Deutschlands alte Bäume« bekommt 5 Jahre nach seinem ersten Erscheinen eine neue Fassung. In dieser »erweiterten und verbesserten Auflage« finden nun fast 200 alte Bäume mit ihrer fotografischen und textlichen Biografie Platz. Es sind die eindrucksvollsten Bäume Deutschlands, die wir kennen. Wir freuen uns, dazu auch aus einem angewachsenen und tiefer greifenden Fundus an Wissen und Material schöpfen zu können.

Bäume sind Lebewesen wie wir. Sie haben eine Geschichte, ein Schicksal wie wir – nur leben sie weit länger. Im Baum hat der Mensch schon immer ein Symbol seiner eigenen Existenz erkannt. Der Stoff, aus dem die Mythen sind, gibt davon wortreich Zeugnis. Doch Bäume sind ihrem Wesen nach völlig anders als der Mensch. Niemand weiß eigentlich, was Bäume sind. Ihr Stoffwechsel ist um Vieles friedfertiger als der des Menschen. Der Mensch und seine zivilisatorischen »Errungenschaften« verschlingen Unmengen an Raum, Zeit und Energie. Der Mensch betreibt großen Aufwand, um seine Ernährung sicherzustellen: Wälder werden gerodet, Land urbar gemacht, Nutztiere gehalten und Fische gefangen. Bäume kommen dagegen mit vergleichsweise bescheidenen Mitteln aus. Auf dem Fleckchen Erde, das ihnen die Natur bietet, oft nur wenige Quadratmeter groß, entfalten sie sich zur bestmöglichen Gestalt. Sie leben von nichts anderem als Erde, Wasser, Luft – und Liebe, so möchte man in einem Anflug von Poesie anfügen. Wann immer wir alte Bäume in unserem Land besucht haben, waren wir uns bewusst, nur Gäste zu sein. Wir haben versucht, die fremden und gleichzeitig so vertraut erscheinenden »Bewohner der grünen Welt« mit den Mitteln der Fotografie einzufangen. Das große Ziel war es, das Einmalige und Charakteristische der einzelnen Naturschöpfungen festzuhalten, ihre Seltenheit und ihren Wert sichtbar zu machen.

Doch Fotografien sind nur Momentaufnahmen, zeigen einen Baum nur in einem Sekundenbruchteil seines langen Lebens. Um die zeitlichen Dimensionen alter Bäume besser zu ergründen, haben wir uns tief hinein begeben ins Studium der Baumliteratur vergangener Jahrhunderte. Neben den interessanten Informationen zur Biografie eines Baumes waren uns historische Darstellungen besonders willkommen, seien es Fotografien, Gemälde oder Zeichnungen aus alten Tagen. Die schwierigste Aufgabe bestand wieder darin, diejenigen Bäume auszuwählen, die veröffentlicht werden sollten. Mit der Entscheidung des BLV-Verlages, den Bildband nun mit 192 statt früher 160 großformatigen Seiten zu verlegen, bot sich Raum für über 40 neue Baumbiografien.

Bedauerlicherweise sind aber auch einige Bäume aus dem Bildband ausgeschieden. Die Riesenkastanie zu Hitzacker, die Ulme in Biesen und die vom Sturm geworfene Eiche in Nennhausen sind abgestorben. Andere Bäume sind inzwischen in einem so schlechten Zustand, dass sie voraussichtlich nur noch wenige Monate bis Jahre leben werden. Auch sie haben wir aus dem Bildband genommen.

Als wichtigstes Kriterium für die aktuelle Baumauswahl haben wir, wie gehabt, die

Das Autorenteam stellt sich vor

Seit dem Jahr 1985 sind wir, die Brüder Uwe und Stefan Kühn (Jahrgänge 1967 und 1970) auf der Suche nach schönen alten Bäumen in ganz Deutschland.

So wie die Gebrüder Grimm alte Märchen gesammelt haben, so sammeln wir Fotografien und Informationen über alte Bäume. Den dabei entstandenen Dia-Archiven und Dokumente-Sammlungen haben wir im Jahr 1996 zusammenfassend die Bezeichnung »Deutsches Baumarchiv« gegeben. Im selben Jahr 1996 lernten wir Bernd Ullrich (Jahrgang 1958) kennen, der sich bis dahin der fotografischen und literarischen Dokumentation von Bäumen in Oberhessen und im Wassereinzugsgebiet der Lahn gewidmet hatte. Aus dem für beide Seiten bereichernden Dialog entstand die Zusammenarbeit für diesen Bildband, mit dem wir gemeinsam einen neuen Standard setzen möchten bei der fotografischen und textlichen Dokumentation alter Bäume in den Grenzen der Bundesrepublik Deutschland. Weitere Informationen zu den Autoren und zur Entstehung des Bildbandes, Kontaktmöglichkeiten und interessante Internetadressen für Baumfreunde sind im Internet zu finden unter der Adresse www.baumarchiv.de.

1 *Die 16-stämmige Buche im Wildpark Solitude in Stuttgart. Es handelt sich wahrscheinlich um eine Bündelpflanzung oder eine Verwachsung von mehreren Buchen mit 7,08 m Stammumfang und 150–200 Jahren Alter.*

Stammumfänge der einzelnen Baumarten in 1 m Höhe über dem Boden herangezogen: reichlich 9 m bei Linde und Mammutbaum, über 8 m bei Eiche, Platane und Schwarzpappel, über 7 m bei Ulme, Weide, Marone und den Tanzlinden, über 6 m bei Bergahorn, Buche, Esche und Robinie. Für alle anderen Baumarten war ursprünglich die 5-m-Marke als allgemeines Minimum definiert. Das blieb für Hainbuche, Silberpappel, Spitzahorn, Tanne, Fichte, Lärche, aber auch einige seltenere Baumarten und -formen verbindlich. Doch keine Regel ohne Ausnahme! Bei Obstbäumen, Walnuss, Erle, Eibe und Kiefer hielten wir 4 m Stammumfang für durchaus vorzeigbar. Und für Birke, Elsbeere, Feldahorn oder die hochalpine Arve haben wir zuletzt noch 3 m Umfang genügen lassen. In einigen Fällen, wie zum Beispiel der »Schönen Eiche« von Endlichhofen, ließen wir uns auch von der schieren Ästhetik eines Baumes beeindrucken, wohingegen einige Bäume mit »Gardemaß« uns nicht zu überzeugen vermochten.

Bei der Vermessung der Baumstämme galt es 2 grundlegende Fragen zu beantworten. Die erste: *Wo* soll ein Baum gemessen werden? Bernd Ullrich hat sich für das Kriterium »Taille« entschieden. Ähnlich wie bei einer Frau, meint er humorvoll, ist die entscheidende Stelle eines Baumes seine Stammtaille. Bei der Vermessung klappt er – gedanklich – den mittleren Durchmesser des Stammes in die Senkrechte und sucht innerhalb dieser Zone nach der schmalsten Stelle. Soweit Starkäste oder große Astlöcher vorhanden sind, misst er unterhalb von ihnen. Die Taille eines Baumes hat den großen Vorteil, dass sie meist noch nach Jahrzehnten gut wiederzufinden ist. Lesern kommender Generationen empfehlen wir daher einen Blick in den Bildnachweis am Ende des Buches, wo die Ergebnisse der Taillenmessungen verzeichnet sind.

Das »Deutsche Baumarchiv« misst den Umfang in 1 m Stammhöhe. So fällt auch die Wuchtigkeit des Stammsockels ausreichend ins Gewicht. Bei Bäumen in Hanglage legen wir den Meter auf halber Hanghöhe an, wobei das Maßband senkrecht zur Stammachse geführt wird. Die Umfänge in diesem Bildband sind nach dieser Methode ermittelt worden.

Sobald die Messergebnisse für beide Methoden vorlagen, erhob sich die zweite Frage: Was ist *ein* Stamm? Mit anderen Worten: Können wir einen 1-stämmig aufgewachsenen Baum in einen Topf werfen mit mehrtriebigen oder mehrteiligen Stämmen? Oder haben wir es in manchen Fällen sogar mit der Verwachsung mehrerer Bäume zu tun? Noch mehr Fragen aufzuwerfen, würde den Leser sicherlich langweilen, sodass wir abschließend nur bemerken wollen, dass auch diese Punkte ausreichend berücksichtigt wurden.

Wie alt können Bäume werden?

Wie alt können Bäume werden? Dieses Rätsel hat die Menschheit schon immer beschäftigt. Die Antwortversuche fallen sehr unterschiedlich aus, je nach Temperament und Wissensstand des Naturkundigen.

Einige Forscher haben die Hypothese aufgestellt, dass Bäume potenziell unsterblich sind. In sichtbaren und verborgenen Knospen schlummere eine ewige Kraft der Erneuerung, des Wiederergrünens. Wissenschaftlich ausgedrückt sind es das Kambium und die Meristeme, also das undifferenzierte Urgewebe der Pflanze, das diese Fähigkeit in sich trägt. Ein Steckling, der sich – eben noch Spitzenspross eines alten Baumes – an der Schnittstelle neu bewurzelt und zum zweiten Mal zu einem stattlichen Baum heranwächst, könnte als ein Beweis potenzieller Unsterblichkeit gewertet werden. Ein alter Baum stirbt gemäß der Unsterblichkeits-Hypothese nur dann, wenn äußere Ursachen wie Blitzschlag, Sturm, Dürre, Pilz- oder Insektenbefall ihn aus seinem Gleichgewicht bringen und ihm im Überraschungsmoment den Garaus machen.

Andere Forscher halten sich lieber an die aus dem Tierreich entlehnte Hypothese, dass jedes Baumindividuum – einmal abgesehen von gärtnerischen Tricks – eine genau bemessene, für jede Pflanzenart genetisch vorgegebene Lebensspanne besitzt, ganz wie wir Menschen. Blitz, Sturm und Schädlingsplage sind dann nur Erfüllungsgehilfen eines Todes, der früher oder später ohnehin eintreten muss, spätestens dann, wenn die maximale Altersgrenze erreicht ist. In unserem Autorenteam sind nach wie vor beide Hypothesen ansatzweise vertreten, sodass die Frage der Altersangaben im Bildband wieder für aufregenden Diskussionsstoff gesorgt hat. Bernd Ullrich vertritt die Ansicht: »Es gibt keine Beweise für 1000-jährige Bäume in Deutschland«. Sollte es je einen 1000-jährigen Baum gegeben haben oder in Zukunft geben, so müsste das durch eine Baumscheibe mit zählbaren Jahresringen belegt werden. In der Tat hat die Auswertung historischer Baumliteratur oft genug ergeben, dass die Altersangaben der – dem Volksmund nach – »1000-jährigen«

In einer Baumscheibe kann man lesen wie in einem Tagebuch. Die fetten und mageren Jahre, die ein Baum durchlebt hat, der Wechsel von Winterruhe und Sommerwachstum, sie sind in den Jahresringen gespeichert.

Bäume getrost halbiert werden können. Ein Beispiel dafür liefert die »1000-jährige« Königseiche in Volkenroda, Thüringen, deren Wachstum in einer inzwischen gut 180 Jahre währenden Beobachtungszeit präzise aufgezeichnet wurde. Daraus geht hervor, dass sie bei einem Stammumfang von 9,70 m in Wirklichkeit etwa 500 Jahre alt ist.

Auch umfangreiche Baumscheiben-Sammlungen mit Tausenden Objekten, die in Deutschland zum Zweck der dendrochronologischen Forschung (Altersbestimmung von Holz anhand der Jahresringe) angelegt wurden, haben bisher keine 1000-jährigen Bäume zu Tage fördern können. Für Kiefern ist ein Mindestalter von 500 Jahren, für Weißtannen von 450 Jahren, für Lärchen von 500 Jahren, für Arven von 600 Jahren und für Eichen von 610 Jahren nachgewiesen. Eigene Untersuchungen an solitären Huteeichen sprechen ebenfalls dafür, dass die Altersangaben in der Literatur meist überhöht sind. In einigen Fällen bleibt jedoch ein Restgeheimnis. Denn alte Bäume sind erfahrungsgemäß hohl, ihr Holz hat sich buchstäblich in Luft aufgelöst. Stefan Kühn hält die Existenz 1000-jähriger Bäume in unserem Land deshalb für unwahrscheinlich, in einigen seltenen Fällen jedoch für möglich. Von der Linde, dem wohl geheimnisvollsten Baumlebewesen unserer Breiten, heißt es im Volksmund: »300 Jahre kommt sie, 300 Jahre steht sie, 300 Jahre vergeht sie«. Auch wenn alte Bäume entgegen dem Sprichwort oft binnen weniger Jahre absterben, so gibt es tatsächlich auch den umgekehrten Fall: Bäume, die scheinbar stillstehen und keine sicht- oder messbare Veränderung mehr zeigen. Die Biologie unterscheidet für

höhere Organismen die Phasen der Jugend, der Reife und des Alters. Wenn man sich klar macht, dass ein alter und umfangstarker Baum seinen jährlichen Zuwachs auf einen immer größeren Holzzylinder zu verteilen hat, so wird deutlich: Bei einem gleichbleibenden Zuwachs an Biomasse müssen die angelagerten Jahresringe von Jahr zu Jahr schmaler werden. Ein uralter 600-jähriger Baum ließe sich also von einem 800-jährigen oder noch älteren Baum kaum mehr unterscheiden. Zwischen einer 12 m dicken und einer 14 m dicken Linde können möglicherweise Jahrhunderte liegen! Auch der Boden und die Höhenlage müssen bei der Altersdiskussion berücksichtigt werden. Hoch gelegene, flachgründige, magere, saure und vor allem schlecht wasserversorgte Böden drosseln das Wachstum. Regelrecht in Zeitlupentempo wachsen geleitete Bäume, deren Äste auf einem Gerüst ruhen, speziell die Tanzlinden. Weil ihr Stamm von der Last der Krone befreit ist, besteht kein physikalischer Anreiz, den Stamm nennenswert zu verdicken. Andererseits zeigen Umfangmessungen des »Deutschen Baumarchivs« über einen Zeitraum von 20 Jahren hinweg, dass auch alte Bäume noch kräftig wachsen können. Angesichts der geschilderten Unsicherheitsfaktoren sind im Bildband dieses Mal vorsichtig pessimistische Altersspannen für die Bäume angegeben worden, wobei die Untergrenze in der Regel von Bernd Ullrich, die Obergrenze dagegen vom »Deutschen Baumarchiv« stammt.

Es sei noch angemerkt, dass der Mensch in bestimmten Fällen hilfreich ins Leben alter Bäume eingegriffen hat. Durch das Freistellen oder auch das Ausräumen und Abstützen ihrer hohlen Stämme mag er ihre »natürliche« Lebensspanne fallweise verlängert haben. Auch ein geschützter Standort im Windschatten von Burgen, Kirchen, Schlössern oder Marktplätzen kann ein langes Baumleben begünstigt haben. Warnend sei an dieser Stelle erwähnt, dass viele ehemalige Hutebäume, daneben auch Bäume wie die berühmte Ravenseiche zu Erle mit einstmals 14 m Stammumfang, in einem empfindlichen Fließgleichgewicht leben: Zerfall und Wachstum halten sich eben die Waage. Schon der Schattenwurf eines benachbarten Jungbaumes kann dieses Gleichgewicht stören und binnen kurzer Zeit zum Absterben führen.

Uwe Kühn hält die Existenz 1000-jähriger Bäume in Deutschland für wenig realistisch, hielt sich aber in allen Streitfragen zurück. Vielleicht ist das die richtige Einstellung zu alten Bäumen: ein gewisses Maß an Respekt und Zurückhaltung.

Die Überreste der 1982 vom Sturm geworfenen Amalieneiche vermodern im »Urwald« Hasbruch östlich Oldenburg. Ob sie wohl eine der legendären »Tausendjährigen« war? Lithografie aus Mielck, 1863.

Mythologie der langlebigen Bäume

In den Mythen und Religionen der Völker begegnen uns Bäume als Ursymbol der Weltordnung, Sitze der Götter, Quellen des Lebens und der Weisheit. Das bekannteste und größte Symbol ist der Weltenbaum, der über Wurzel, Stamm und Krone die unterirdischen, irdischen und himmlischen Reiche miteinander verbindet. Kaum eine Kultur, in der die Bäume nicht Anleitung gaben, irdische Begrenzungen gedanklich abzustreifen. Im Lebensbaum treffen wir ein zweites tief verwurzeltes und weitgreifendes Symbol der Menschheit.

Bäume spenden Nahrung und Leben, wenn sie farbenfroh erblühen, süße Früchte und schmackhafte Nüsse hervorbringen. In vielen Kulturen weckte das die Vorstellung vom Baum am Ende der Welt, dessen Früchte ewige Schönheit und Jugend schenken. So wächst in der griechischen Mythologie ein Apfelbaum im äußersten Westen, dessen goldene Äpfel Unsterblichkeit verleihen. Aber der Apfel fällt bekanntlich nicht weit vom Stamm. Gerade die schönsten Mythen der Völker entpuppen sich anhand ihrer Gehalte sehr schnell als das, was sie sind: frei erdacht. Angenehm anders stellt sich der Lebensbaum der Bibel dar, bei dem es ausnahmsweise nicht um die Stillung egoistischer Bedürfnisse geht. Im Schutz der Bäume fühlt sich der Mensch auch heute noch geborgen, kommen ihm die großen und wichtigen Gedanken. Wo immer ein Baum steht, ob an der Wiege eines Menschen oder an seinem Grab, stets erinnert er daran, dass das Leben auch ewig sein könnte.

Der »Baum der Seele«. Im Bild des christlichen Mystikers William Law (1686–1761) sind die zwei Entwicklungsmöglichkeiten der menschlichen Seele dargestellt: Ein Ast wächst hinein in die Welt der Finsternis und verbrennt in der Welt des Feuers. Ein anderer Ast sucht und findet den Weg zum Licht Gottes. Er kann sich frei zum Baum entfalten. Das orientalische Symbol der Palme symbolisiert den Sieg über die Welt.

2 *Am Waldrand oberhalb von Mitgenfeld in der Rhön, am Fuß der Drei Pilsterköpfe, steht die etwa 200–300-jährige Urbuche. Ihr an der Basis in 2 Fragmente geborstener Stamm erreicht 7,08 m Umfang.*

Die Buche

Die Buche wird liebevoll »Mutter des Waldes« genannt. In Deutschland ist sie noch immer die natürlich vorherrschende Baumart, die mit ihren silbernen, fein berindeten Stammsäulen und den hoch angesetzten, dichten Kronen den Charakter unserer Wälder prägt.

Kunsthistoriker glauben, dass die ursprünglichen Buchenurwälder Vorbild für den mittelalterlichen Stil der Gotik waren. Die damalige Architektur mit zahlreichen aufstrebenden Pfeilern und himmelwärts weisenden Spitzbogenfenstern, durch die das Licht nur gedämpft hereinfällt, erinnert uns in der Tat sehr an den natürlichen »Buchendom« der Wälder. Rodungen und Übernutzung ließen diese unberührten Waldbestände bis in die Neuzeit dahinschmelzen. Heute versucht man mühsam, Verlorenes zurückzugewinnen: zum Beispiel im hessischen Kellerwald oder im Nationalpark Hainich in Thüringen. Es ist eine nationale und zugleich globale Aufgabe, denn Buchenurwald kann allein Deutschland dem globalen Naturerbe beisteuern.

Für ein kleines, aber feines Buchenbiotop schlug im 19. Jahrhundert die letzte Stunde: Im Süntelgebirge, Niedersachsen, existierte früher ein ganzer Wald aus verkrüppelt und korkenzieherartig gewachsenen »Süntelbuchen«, einer Sonderform der normalen Buche. Dessen letzte Reste wurden 1843 von den Bauern abgeholzt, um »effektiver wirtschaften« zu können.

Unsere germanischen Vorfahren pflegten eine besondere Beziehung zur Buche. In gebildeten Kreisen Germaniens verwendete man Tafeln aus hartem Eschen- und Buchenholz, um die damalige Runenschrift (Rune = Geheimnis) hineinzuritzen. Das Wort »Buchstabe« geht auf die germanischen »Buchenstäbe« zurück. Und auch das gedruckte »Buch« hat seinen Namen von der »Mutter des Waldes« erhalten.

3 *Die geheimnisvolle Gestalt einer Süntelbuche: Ihre Äste sind in sich gedreht, wachsen in alle Himmelsrichtungen und schlagen die verrücktesten Kapriolen. Die Laibuche in Schameder, Rothaargebirge, ist mit 4,85 m Stammumfang und einem Alter zwischen 200 und 320 Jahren eine der schönsten süntelig gewachsenen Buchen.*

Die Linde

Die Linde ist sagenumwoben. Alte Mythen glauben bei ihr eine Wesensverwandtschaft mit einem anderen mythischen Wesen zu entdecken: dem Drachen. Die Menschen der vorbewussten Zeit empfanden die Natur und besonders die Bäume als belebt, von guten oder schädlichen Kräften beseelt. Uralte, verformte und halb zerfallene Linden muteten für sie wohl wie Drachen an. Vielleicht lag es aber auch an der scheinbar unerschöpflichen Lebenskraft der Linde: Wie beim unsterblich gedachten Drachen ist ihre Lebensspanne nach menschlichem Ermessen »auf die Ewigkeit« angelegt.

Unbezwingbar erscheint die Linde vor allem angesichts schlimmster Verwundungen: Wie sehr der Sturm die Lindenkrone auch zerreißt, wie sehr Naturgewalten oder Menschenhände den Lindenstamm auch spalten, stutzen oder »köpfen« – die Linde treibt immer wieder aus! Dem alten »Haupt« des Drachen entwachsen 10 neue »Häupter«. In der am Niederrhein entstandenen Siegfriedsage tauchen die Motive von Drachen und Linde gemeinsam auf. Der Held Siegfried tötet den Drachen Fafnir, von dem es heißt, er lebe abwechselnd 90 Jahre unter der Erde, 90 Jahre in der Wüste und 90 Jahre im Innern einer Linde. Durch das Bad im Drachenblut hätte Siegfried beinahe Unverwundbarkeit erlangt, doch ein einziges »rachsüchtiges« Lindenblatt, das sich am

Rücken zwischen seine Schulterblätter heftet, wird ihm zum Verhängnis. Es verhindert die vollkommene Benetzung des Körpers, und der heimtückische Hagen vermag Siegfried an exakt dieser Stelle den Todesstoß zu versetzen.

In der Vorstellungswelt der nordgermanischen Wikinger wohnte die schöne Göttin Freya in der Sommerlinde. Freya, die übrigens dem Wochentag Freitag den Namen gab, trug ein von den Zwergen geschmiedetes Halsband, besaß ein Falkengewand, mit dem sie fliegen konnte, reiste in einem von Katzen gezogenen Gespann und ritt auf einem wilden Eber. Sie gehörte zum Göttergeschlecht der Wanen, das sich um Herdfeuer, Ackerbau und bodenständigen Wohlstand kümmerte. Doch die Edda verrät, dass Freya vor allem den Themen Liebe und Fruchtbarkeit zugedacht war. Liebesmagie und wahllose Affären werden ihr in dem Epos nachgesagt.

Entsprechend sah das Brauchtum unserer Vorfahren aus, das sich im Schatten der Linden entwickelte. Nicht nur unter der Dorflinde, sondern ganz besonders auf dem grün bekränzten Podium der Tanzlinden wurde kräftig gefeiert und »gefreit«. Als der christliche Glaube das europäische Festland erreichte, prallten folglich zwei Welten aufeinander. Bonifatius (672–754), der »Apostel der Deutschen«, ließ auf den alten Kultplätzen der Bevölkerung »Marienlinden« pflanzen, sobald es politisch möglich war. Sie sollten dem einfachen Volk die Herzensgüte und Reinheit der Gottesmutter vor Augen führen und die germanischen Frauen von Zauberei und Zügellosigkeit fernhalten. In fast jedem Dorf gab es damals gezogene Tanzlinden, deren Äste waagrecht auf Gerüsten ruhten. An Festtagen und besonders zum »Maitanz« im Frühling spielten in deren oberster Etage die Musikanten, und auf dem Podest in der Krone tanzte dazu das junge Volk in bunten Trachten, während der Erdboden symbolisch den »Unholden und Dämonen« vorbehalten blieb.

Viele Bräuche änderten sich mit der Christianisierung. Neue Tanzlinden wurden nun oft direkt neben der Dorfkirche gepflanzt oder, umgekehrt, Dorfkirchen in ihrer Nachbarschaft errichtet, sodass die Geistlichkeit das gesellige Treiben im Auge behalten konnte. Der Maitanz wurde vielerorts auf die »Kirchweih« verlegt, was auch für die heute noch betanzte Limmersdorfer Linde in Mainfranken gilt. Die neuen christlichen Elemente sind dort im Brauchtum bis heute erkennbar. So dürfen nur unverheiratete »Burschen und Maiden« das Tanzpodium betreten. Stellt sich später jedoch heraus, dass ein Mädchen zur Kirchweih getanzt hat, »ohne dessen noch würdig, also unbescholten zu sein«, dann wird die Linde »gescheuert«: Pflaster oder Rasen unter dem Baum müssen abgetragen und neu angelegt werden.

4 *Die steinalte Dorflinde zu Schenklengsfeld, Hessen, hält die Tradition der Tanzlinden wach. Ihr zentraler Stamm ist verschwunden, der Legende nach spaltete der Blitz die Linde in 4 Teile. Ihr luftiger »Umfang« von 17,91 m verrät ein ungewöhnlich hohes Alter: 600 bis hin zu mythischen 1000 Jahren.*

Im Verlauf des Mittelalters wurde das weiche, seidig schimmernde und daher wunderbar schnitzfähige Holz der Linde zu »lignum sacrum« – »heiligem Holz«, aus dem man Heiligenstatuen und sakrale Gegenstände fertigte. Manch alter Aberglaube hielt, religiös verbrämt, wieder Einzug. Zu einigen Marienlinden pilgerten ganze Scharen, um »Heiligkraft spendende Lindenblätter« zu pflücken – ein barer Unsinn. Eine andere interessante Tradition, nämlich die der Apostellinden, wurde in den christlichen Klöstern begründet. Durch Bündelpflanzung oder Kappung des Hauptstammes schuf man Linden mit 12 Ästen, wobei jeder Ast einen Apostel symbolisierte. Die bekannte Apostellinde in Gehrden gibt dafür ein lebendes Beispiel.

Beim einfachen Volk stießen religiöse Umwidmungsversuche jedoch oft genug auf taube Ohren. Die alten Bräuche wurden abgeschwächt oder einfach in abgewandelter Form fortgesetzt. Im Minnesang Walthers von der Vogelweide (ca. 1170–1230) aus der Zeit des Hochmittelalters wird deutlich, dass die Linde zum Baum der romantischen Liebe, jedoch nicht der Agape (göttlichen Liebe) geworden war. Verliebte trafen sich im Sommer zum Stelldichein unter der Linde und ließen sich vom Duft der Blüten und dem Gesumm der Bienen betören.

Wer heute ein Herz mit zwei Namen darin sehnsuchtsvoll in Rinde ritzt – zum Leidwesen des betroffenen Baumes –, umrahmt das Namenspaar in Wirklichkeit mit einem stilisierten Lindenblatt.

Bis heute besitzt die Linde in unserem Land die meisten Sympathien in der Bevölkerung. Sie wird dank ihrer heilenden und »lindernden« Blüten hoch geschätzt und gerne in Dorf und Stadt angepflanzt. Meist wird der Charakter der sanften und biegsamen Linde als ausgesprochen »weiblich« empfunden. Unter der Linde, so heißt es, sind Innigkeit und Heimat, Geborgenheit und Gerechtigkeit zu Hause.

Die Eiche

Mythologisch besehen, bildet die Eiche in unserem Kulturkreis den Gegenpol zur Linde. Ebenso alt und groß werdend wie diese, ist ihr Charakter ein völlig anderer. In der Eiche erblicken wir einen Archetyp des Männlichen, geradezu ein Idol der Männlichkeit. Eigenschaften wie Stärke und Härte, Standhaftigkeit und Beharrungsvermögen, Ehrwürdigkeit und Weisheit werden der Eiche zugeordnet.

Im Lebenslauf der Eiche treten die beschriebenen Eigenschaften zu Tage. Dank einer tief reichenden Pfahlwurzel ist die Eiche unverrückbar im Erdreich verankert. Sie wird eher vom Sturm gebrochen als zu Boden geworfen. Die Eiche stellt sich den Elementen bis zum Bersten entgegen.

Im hohen Alter wirken Eichen oft knorrig, schroff und unnahbar. Risse, Löcher und Aststümpfe am Hauptstamm und bizarre, zum Teil abgestorbene Äste in der Krone zeugen von ihrem zähen Lebenskampf. Im Volksmund heißt es, dass die Eiche den Blitz anzieht, worin auch ein wahrer Kern zu vermuten ist. Mit ihrer Pfahlwurzel mag so manche Eiche in Grundwasserkontakt stehen, beste Voraussetzung für den Einschlag von Blitzen. Nach nordgermanischer Glaubensvorstellung bewohnte der mächtige Gott Donar die Eiche. Wenn der Blitz über den Himmel zuckte und der Donner grollte, so hieß es, schlug Donar mit seinem Hammer auf die Erde, um die Fruchtbarkeit der Felder, Wiesen und Wälder zu wecken. Unser Wochentag Donnerstag trägt bis heute den Namen des lautstarken Eichengottes.

Andere germanische Sagen verknüpfen majestätische Eichen mit Odin, dem Gott der Kriegskunst, des Runenlesens und der Dichtung, der bei vielen germanischen Stämmen als oberste Gottheit verehrt wurde. Dies ist zum Beispiel bei der uralten Ravenseiche in Erle der Fall, die in ihrem Namen das Totemtier des Odin, den Raben, trägt. Bei zahlreichen Völkern war die Eiche dem höchsten Gott des Pantheons geweiht: bei den Griechen dem Zeus, bei den Römern dem Jupiter, bei den Litauern dem Perkunas. Der römische Geschichtsschreiber Plinius der Ältere berichtet 77 n. Chr. in seiner »Naturgeschichte«, dass die Eiche bei den Kelten so sehr verehrt wurde, dass sie überhaupt keine Kulthandlungen ohne Eichenlaub vollzögen. Auch der geheime Orden der Druiden, die zurückgezogen im Innern der Wälder lebten, soll sich von der Eiche (keltisch »Duir«) ableiten.

5 *360 bis 440-jährige Eiche in Flehm bei Kletkamp, von Blitz und Alter gezeichnet. Mit einem vernarbten Stamm von 7,77 m Umfang ist sie die älteste Eiche im seenreichen Kreis Plön.*

Eichenheiligtümer sind aus vielen Ländern überliefert. In Griechenland stand die Eiche des Zeus an der Orakelstätte von Dodona im Epirischen Gebirge. Der heilige Baum von Remove, eine in seidene Vorhänge gehüllte Eiche, war einst die zentrale Kultstätte der Preußen. In Deutschland legten christliche Missionare oft Hand an, um die Heiden von der Ohnmacht ihrer Götter zu überzeugen. Bonifatius fällte 723 die berühmte Donareiche der Germanen, nahe Fritzlar, ohne dass »Donars Blitz« ihm ein Haar krümmte. Karl der Große ließ 772 die sächsische »Irminsul«, eine Weltensäule aus Eichenholz, zerstören. Das Problem war gar nicht neu. Als die Israeliten 1320 v. Chr. das Gelobte Land einnahmen, ließen sie sich von den rohen Sitten der Kanaaniter anstecken. »Lernt Gutes zu tun, sorgt für Gerechtigkeit, haltet die Gewalttätigen in Schranken, helft den Waisen und Witwen zu ihrem Recht!« ließ Gott ihnen durch den Propheten Jesaja ausrichten. Aber das Volk opferte lieber dem Baal, worauf Gott sie warnt: »Ihr liebt eure heiligen Eichen und umgebt sie liebevoll mit Hecken. Von den Götzen, die ihr dort verehrt, erwartet ihr neue Lebenskraft. Es wird eine bittere Enttäuschung für euch werden! Ihr werdet dastehen wie eine Eiche, die ihre Blätter verliert, wie eine Pflanzung, die kein Wasser mehr bekommt« (Jes 1,29).

Bei der Zerstörung alter Kultstätten in Europa ging es freilich oft genug um reine Machtpolitik. Wo immer das Römische Reich seinen eisernen Arm ausstreckte, um die neue Religion als Staatsräson durchzusetzen, blieb von der Friedensbotschaft Gottes nichts mehr übrig.

6 *Die Hildegardlärche oberhalb von Sipplingen am Bodensee steht verborgen im Waldesinneren. Wer den 5,17 m Umfang messenden, etwa 240-jährigen Baum finden will, muss sich vor der Gabelung Sipplinger Berg, zwischen Bonndorf und Haldenhof, rechts halten und nach etwa 800 m dem Hinweisschild folgen.*

Die Lärche

Die europäische Lärche ist der einzige Nadelbaum unserer Breiten, der seine Nadeln im Herbst abwirft. In Deutschland stoßen wir nur in den montanen und subalpinen Regionen der Alpen auf natürliche Lärchenwälder, wo sie im Oktober einen goldgelben Farbenzauber entfalten. Die stärksten bekannten Lärchen Deutschlands stehen allerdings im Tiefland und gehen auf Anpflanzungen zurück.

In den schwer zugänglichen Bergtälern der Alpen hat sich viel altkeltisches Gedankengut erhalten, ebenso wie auf der »Grünen Insel« Irland, die vom Römischen Reich nie erobert wurde. Es gibt noch alte Sagen, wonach Bergfeen, die Säligen Fräuleins, unter Lärchen ihren Tanzplatz haben. Man stellte sie sich als »dem Menschen wohlgesonnen« vor. Es hieß, sie seien um das Wohl der Mütter und Kinder besorgt.

Was den Menschen der Niederungen die Linde, war den Bergbauern die Lärche. Sie war in über 1000 m Höhe der bevorzugte Haus- und Hofbaum. Das Holz der Lärche ist relativ hart, stark harzhaltig und dauerhaft. Es ist das härteste einheimische Nadelholz und wird wegen seiner Witterungsbeständigkeit sehr geschätzt. Kaiser Tiberius ließ aus der Provinz Rätien (Schweiz) »ganze Stämme des geschätzten Baumes als Baumaterial nach Rom schaffen«.

In den Mythologien Sibiriens und Lapplands nahm die wieder ergrünende Lärche den Platz der nordischen Esche ein und galt dort als Weltenbaum: Mittelpunkt und Achse der Welt. Nach einem alten sibirischen Mythos wurden die Schamanen weit im Norden »an der Wurzel der schrecklichen Krankheiten« geboren. Dort stand »eine hohe Lärche, auf deren Zweigen viele Nester in verschiedener Höhe lagen. Die größten Schamanen wurden im Wipfel des Baumes aufgezogen, die mittleren auf halber Höhe, die kleinen auf den unteren Ästen.«

Die Kiefer

In unseren Breiten kommt die Kiefer, in älteren Schriften auch Föhre genannt, natürlicherweise auf schwierigen Standorten vor – auf sauren, mageren, felsigen, oft trockenen und sandigen Böden. Dort fristet sie ein spartanisches Dasein und entwickelt dennoch ihre attraktiv aufgelockerte Schirmkrone. Dank ihres harzreichen Holzes und der hell rotbraun schimmernden Borke wurde die Kiefer gemeinhin mit dem Element Feuer in Verbindung gebracht. Die Kelten nutzten das Holz zum Feuerentzünden und als lang brennende Fackeln. Im »finsteren Mittelalter« war es in Deutschland der Kienspan, der die Stuben erhellte. Elektrisches Licht gab es nicht, und das Öl des mediterranen Olivenbaums war nicht jedermann zugänglich.

Auch andere Arten der Erleuchtung sind der Legende nach der Kiefer zu verdanken. Im bretonischen Wald von Brocéliande befindet sich noch heute der Brunnen von Barenton, der Legende nach Wohnstätte der Quellnymphe Viviane, die den keltischen Magier Merlin von seinem Wahn befreite und ihm anschließend mit ihrer Schönheit den Kopf verdrehte. Neben dem Brunnen stand die »Große Kiefer«, auf der Merlin regelmäßig seine »kosmischen Kräfte« erneuert haben soll.

Andere Kiefernmythen spielen weiter südlich im Mittelmeerraum. In der mediterranen Schirmpinie lebte und webte die dreiteilige Götterfamilie der Phrygier: Dionysos, Kybele und Attis – Vater, Mutter und Sohn.

In den alpinen Lagen der Alpen, bis in Höhen über 2000 m hinauf steigend, entfaltet die 5-nadelige Arve oder Zirbelkiefer – eine lichtliebende Kiefernart – ihren besonderen Reiz. Wer hoch oben im Steinernen Meer der Berchtesgadener Alpen einmal unter einem solchen Baum gesessen und dem sanften Summen der Nadeln im Wind gelauscht hat, das wie ein »Lied der Arven« klingt, dem wird das Herz wieder weit. Der Himmel ist klar und offen. Der Götterschwarm, der sonst die Bäume so dicht bevölkern möchte – er muss wohl weiter unten wie eine tief sitzende Regenwolke am Alpenrand hängen geblieben sein. Die Schönheit der Bäume ist ungetrübt zu genießen.

7 *Arven gelten als die »Grannenkiefer Europas«. Das hier gezeigte Exemplar, 4,80 m stark und vermutlich 500–750 Jahre alt, wächst in über 2000 m Höhe im Naturschutzgebiet Steinernes Meer, wenige hundert Meter hinter der deutsch-österreichischen Grenze auf dem Weg vom Funtensee zum »Zirbenmarterl«.*

Der Ahorn

Über die mythologische Bedeutung des Ahorns ist wenig bekannt, er ist ein »unbeschriebenes Blatt«. Es fällt auf, dass der Ahorn einer der raren Bäume männlichen Geschlechts ist. Es heißt: *die* Eiche, *die* Tanne, *die* Esche und so weiter – aber *der* Ahorn. Der interessante Name, so könnte man mutmaßen, ist von den 2-flügeligen Spaltfrüchten des Ahorns abgeleitet, die an die 2 Hörner eines Tieres erinnern. Manchmal wird der Ahorn auch poetisch als »Engelsköpfchenbaum« bezeichnet, weil seine Flügelfrüchte wie Engel vom Himmel schweben und sich auf diese Weise mit Hilfe des Windes weit verbreiten.

Mit der Gestalt des Baumes und seiner fein strukturierten Kronenarchitektur verband man in der benachbarten Schweiz die Idee einer wohlgeordneten Freiheit. Unter dem Laubdach des berühmten Trunser Ahorns im heutigen Graubünden wurde am 16. März 1424 der Schwur des Grauen Bundes abgelegt. Ziel des Bundes war es, sich Unabhängigkeit und Freiheit gegenüber Habsburg zu bewahren. Ein Sturm warf den Trunser Ahorn 446 Jahre nach dem Bündnisschluss im Jahr 1870 um, wonach eine Woge der Trauer durchs Land ging. Reste des Baumes wurden im rätischen Museum in Chur aufgestellt oder zu Prunkbechern geschnitzt. Der Stumpf des sicher über 600 Jahre alten Ahorns wurde 1890 ausgegraben und wie ein Leichnam feierlich zu Grabe getragen.

8 *An der Straße Bergatreute – Bad Wurzach, Kreis Ravensburg, erhebt sich auf einer Anhöhe die strahlenförmige Krone eines Bergahorns. Er hat ein Alter von rund 200 Jahren und 4,63 m Stammumfang.*

9 *Die wunderbare Fächerkrone dieses Spitzahorns entfaltet sich am Wiedigshof südöstlich Bad Sachsa, am Südrand des Harzes. Mit 4,79 m Umfang und einem Alter von 150–200 Jahren ist er einer der stattlichsten Vertreter seiner Art in deutschen Landen.*

In einigen Regionen Deutschlands wurden Ahorne als Schutzbaum für Haus und Hof gepflanzt. Wer Zapfen aus Ahornholz in Türen und Schwellen schlug, verhinderte nach altem Aberglauben das Eintreten böser Geister. Auch am Johannistag, dem 24. Juni, wurden zum selben Zweck in Türen und Fenstern Ahornzweige aufgestellt. Wie Doris Laudert in »Mythos Baum« berichtet, soll »das Trojanische Pferd aus Ahornholz gezimmert gewesen sein«. Ein Jakobus Tabernaemontanus weiß im Jahr 1664 nur das Folgende zum Ahorn zu notieren: »Es wird dieser Baum in Ehren gehalten wegen seines lustigen Schattens«.

Die Hainbuche

In der Mythologie galt die Hainbuche stets als Schutzbaum. Man bezeichnete sie früher landläufig auch als »Hagebuche« und verwendete sie mit anderen stutzbaren Gehölzen, um einen »Hag« anzulegen: einen dichten Zaun aus lebenden Pflanzen, der rund um Gehöfte und Weiden gezogen wurde. Innen war es dann, wie das Wort noch heute verrät, angenehm geschützt und »behaglich«. Schon die keltischen Ackerbauern im vorchristlichen Jahrtausend nutzten den Hag. Mensch und Vieh waren so vor den Übergriffen der wilden Tiere – Bär, Luchs oder Wolf – sicher.

Über »Hag« und »Hagse« soll die Wortentwicklung weiter gegangen sein bis hin zum negativen Begriff der »Hexe«, eine Bezeichnung, die bis ins 18. Jahrhundert hinein den Tod bedeuten konnte. Als ursprüngliche Wortbedeutung wäre vielleicht an kräuterkundige Frauen zu denken, die ihren Garten mit einem Hag umgeben hatten.

Laut Cäsar und Tacitus trieben die germanischen Volksstämme der Nervier und der Treverer, mit ihrem Hauptort Trier, die Schutzfunktion derartiger Hecken auf die Spitze. Sie legten meterdicke, ineinander verschlungene und für Angreifer undurchdringliche Wehrhecken an, worin neben der Hainbuche auch Rotbuchen und Dornengestrüpp eine wichtige Rolle spielten. Die berühmteste und lange Zeit unüberwindbare Wehrhecke war das »Rheingauer Gebück«, das erst im Lauf des Dreißigjährigen Krieges durch eine List überwunden wurde. Kurmainz hatte diese aufwändige Pflanzenmauer bereits im 11. Jahrhundert angelegt, um sich gegen die aus dem Taunus vordringenden Vandalen zu schützen.

Der Wuchs der Hainbuche ist überaus seltsam und wirkt unheimlich. Die silbergraue, glatte Stammborke wird im Alter verdreht und wulstig. Auch die Äste verlieren den runden Querschnitt und werden buchtig.

Das Holz der Hainbuche ist das härteste in unseren Wäldern. Die grobe Beschaffenheit findet sich heute im Schimpfwort »hanebüchen« wieder. Als so genanntes Eisenholz verwendete man es für Kriegsgerätschaften wie Rammböcke und für allerlei stark beanspruchte Geräte wie Dreschflegel, ja sogar Schrauben und Maschinenteile.

10 *Die mächtigste Hainbuche des Landes mit einem Alter zwischen 200 und 360 Jahren steht im Urwald Hasbruch östlich Oldenburg. Durch jahrzehntelanges Schneiteln entstand der beulige, 5,46 m starke Stamm.*

11 *Die rund 300-jährige Großvatertanne südlich Freudenstadt, Nordschwarzwald, besitzt einen Stammumfang von 5,60 m und soll nach neuesten Laser-Vermessungen die massereichste Tanne des Schwarzwalds sein. An der Straße in Richtung Schömberg weist nach 3 km ein Schild nach links (Osten) in den Wald.*

Die Tanne

Was waren das für Zeiten, als man in Deutschland noch in den »Tann« gehen konnte! Der Tann – das war der wild gewachsene, dunkle und kühle Wald, insbesondere der Bergwald unserer Heimat. Große schattige Tannen-Buchen-Urwälder finden wir heute noch in Südosteuropa, zum Beispiel in Montenegro. Dort verharren die junge Tannen im Tiefschatten der Buchen, bis eine Lücke entsteht. Dann streben sie aufwärts und übertrumpfen mit Wuchshöhen über 50 m bald die niedrigeren Buchen.

Tannen finden sich heute als seltene Gäste in deutschen Gebirgs- und Mittelgebirgswäldern. Die viel gerühmten Wettertannen in Schwarzwald und Alpen, die sich Jahrhunderte lang im Freistand gegen Sturm und Kälte behaupteten, sind im Verlauf des 20. Jahrhunderts alle verschwunden. Der überraschende Fund einer letzten uralten Wettertanne in Deutschland wird in unserem Bildband »Bäume, die Geschichten erzählen« beschrieben.

Von alters her symbolisiert die Tanne das Prinzip der Reinheit und Ruhe. Die ätherischen Öle ihrer Nadeln wirken hygienisch und helfen gegen Asthma und Bronchitis. In den 12 Raunächten vom 25. Dezember bis zum 6. Januar stellte man Tannen und andere immergrüne Gewächse wie Mistel, Stechpalme oder Buchsbaum in den Stuben auf, entzündete Lichter und feierte die lang ersehnte Wintersonnenwende – das Wiedererstarken der Sonne. Auch das christliche Weihnachtsfest fußt auf dieser uralten Tradition, wobei es nun der Gottessohn Jesus Christus ist, der durch seine Geburt Licht in die Welt bringt. Ob es dem einfachen Zimmermann aus Nazareth wohl gefällt, dass sein Geburtstag in der gesamten westlichen Welt mit unzählbaren, festlich geschmückten Christbäumen begangen wird? Allein in Deutschland werden im Advent gut 30 Millionen »Tannenbäume« aufgestellt, von denen freilich nicht alle echte Weißtannen sind. Von Deutschland aus trat der Weihnachtsbrauch im 19. Jahrhundert den Siegeszug in die weite Welt an. In der christlichen Symbolik sollen die immergrünen Nadeln des Tannenbaumes daran erinnern, wie treu die Liebe Gottes zu den Menschen ist. Denn Jesus starb am Kreuz nicht etwa für die Gerechten, sondern für Menschen, die sich von ihm abgewandt haben. Im Märchen »Das kalte Herz« von Wilhelm Hauff wohnt ein Ehrfurcht gebietender Baumgeist im Innern einer alten Tanne: »Schatzhauser im grünen Tannenwald, bist schon viel hundert Jahre alt, Dein ist all Land wo Tannen stehn, lässt dich nur Sonntagskindern sehn«. Eine lustige Fabel des antiken Dichters Äsop spielt auf das wertvolle, harzfreie Holz der Tanne an, das als Bauholz sehr begehrt war: Tanne und Dornbusch streiten sich darüber, wer der vortrefflichere Baum sei. Die Tanne brüstet sich dabei ihrer Qualitäten, worauf der Dornbusch bemerkt: »Derentwegen haut man dich um!« Eine schwäbische Bauernregel zur Kornernte besagt: »Viel Mockele (Zapfen) auf der Tanne, viel Roggen in der Wanne«.

12 *Die Fichte auf der Lenzwiese bei Eppstein im Taunus, Hessen, ist mit 5,55 m Stammumfang die dickste bisher vermessene Fichte (Picea abies) Deutschlands. Hornissen haben ihr Nest in den hohlen Stamm gebaut.*

Die Fichte

Wie die Tanne, so gilt auch die Fichte als ein bergender und behütender Baum, dem die Eigenschaft nachgesagt wurde, Krankheiten und Gebrechen des Menschen zu übernehmen. Die meisten Weihnachtsbäume in unserem Land waren nur dem Namen nach »Tannenbäume«, in Wirklichkeit jedoch Fichten, die mit ihrem harzig duftenden Immergrün die alte Symbolik von Treue, Reinheit und Wohlergehen in unsere Wohnungen trugen. In den letzten Jahren wurden nun ihrerseits wieder die Fichten von den neuen, aus dem Kaukasus stammenden Nordmannstannen verdrängt.

Die Vitamin-C-Mangelkrankheit Skorbut, volkstümlich als »Scharbock« bezeichnet, wurde früher auch mit dem Absud von Fichtennadeln und -schösslingen kuriert.

Mit Wuchshöhen bis zu 60 m gilt die Fichte als höchster Baum Europas, doch nur in ihrem natürlichen Verbreitungsgebiet kann man sie mit solch herrlich hohen, spitz auslaufenden Wipfeln antreffen.

Der Indianerstamm der Hopi im Südwesten der USA verehrt die Fichte als den erhabensten aller Bäume, in dem sich die Stammesgottheit offenbart. Auch bei Altaivölkern nimmt die Fichte die mythologische Stellung der Lärche ein und wird dementsprechend als Weltenbaum verehrt.

Zahlreiche Märchen unserer Heimat spielen im finsteren, undurchdringlichen Fichtenwald. So steht das Lebkuchenhaus der Hexe im Märchen von Hänsel und Gretel in einem unheimlichen Fichtenwald, und Rotkäppchen begegnet dem bösen Wolf ebenfalls dort. Im deutschen Sprachgebrauch wurden Diebe und andere zwielichtige Gestalten gerne mit der Fichte in Verbindung gebracht. In der Gaunersprache bedeutete »einen in die Fichten führen«, jemanden hinters Licht zu führen. Und Diebe, die nachts ihrem Handwerk nachgingen, waren »Fichtegänger«.

13 *Im Ulfenbach, nahe dem Campingplatz bei Hirschhorn am Neckar, hat sich auf einem ehemaligen Wehr, umströmt von Wasser, eine alte Feldulme etablieren können. Sie ist etwa 200–300 Jahre alt und besitzt 5,65 Umfang. Ob sie wohl dort, wie im Mythos, als Treibholz angeschwemmt wurde?*

Die Ulme

Die Ulme, in unseren Breiten auch als Rüster bekannt, symbolisiert mit ihrem dunkelgrünen Laub seit dem Altertum Würde, Tod und Trauer. »Als Widerspiel der hellen Dreifaltigkeit von Bergahorn, Spitzahorn und Feldahorn erscheint das Tryptichon der Ulmen« – Feldulme, Bergulme und Flatterulme.

Im antiken Griechenland war die Ulme der Sitz des Götterboten Hermes. Mit geflügeltem Helm und geflügelten Schuhen geleitete er die Seelen der Verstorbenen vor den Weltenrichter. Im Wind tanzende, geflügelte Ulmenfrüchte begleiteten ihn dabei. Wenn man den Schlaf als Bruder des Todes auffasst, so wird verständlich, was der römische Dichter Vergil im vorchristlichen Jahrhundert zum Ausdruck bringen wollte. Er erzählt, dass die Träume auf einer Ulme am Eingang zur Unterwelt schlummern.

In der altnordischen Weltentstehungssaga begegnen wir der Vorstellung, der Mensch stamme von Bäumen ab. Nach dem Untergang der Weltenesche Yggdrasil und der großen Flut waren es Askr und Embla, Esche und Ulme, die als Treibgut an den Strand gespült wurden. Die Götter hatten Mitleid und hauchten den kraftlosen Baumstämmen neues Leben ein – die Geburtsstunde von Mann und Frau.

Die Esche

Yggdrasil, so hieß die mythische Weltenesche der Germanen. Odin, dessen Beiname »der Gehängte« oder auch »Galgenherr« lautet, soll 9 Tage und Nächte lang kopfüber an dieser Weltenesche gehangen haben und dadurch zum »obersten Gott« geworden sein, zum kundigen Runenleser und Zaubermeister. »Ich weiß, dass ich hing an einem im Winde schwankenden Baum, 9 ganze Nächte lang, mit dem Ger verwundet, dem Odin geweiht. Ich nahm herauf die Runen, laut schreiend, dann fiel ich herab vom Baume. Da begann ich zu gedeihen und weise zu sein, und zu wachsen und mich wohl zu befinden«, heißt es in der Edda.

Die Weltenesche Yggdrasil bildete mit ihrem Stamm die Achse und Stütze der germanischen Vorstellungswelt: Mit ihren 3 Wurzeln wächst sie ins Reich der Götter (Asgard), ins Land der Riesen (Jotunheim) und in die Unterwelt (Niflheim). An ihrem Fuß entspringen Mimir, die Quelle der Erinnerung, und der Urdbrunnen, in dem die 3 Schicksalsgöttinnen, die Nornen, ihre Schicksalsfäden spinnen. 2 Hirsche und die Ziege Haidrun nähren sich vom gefiederten Blattwerk der Esche. Doch Odins heiliges Tier, der Adler, wacht über die Esche und kämpft mit ihrem ärgsten Widersacher, dem Drachen Nidhögg, wenn dieser versucht, die Wurzeln des Baumes anzunagen.

Als Zeichen des Bundes zwischen Menschen und Göttern erscheint am Himmel der Regenbogen, die Brücke, über die die Götter jeden Tag zum Weltenbaum kommen, um Gericht zu halten. Nach dem Weltuntergang, in dem auch die Weltenesche erzittert und schließlich fällt, entsteht neues Leben. Aus einem Stück eschenen Treibholzes, das von der großen Flut an den Strand gespült wird, entsteht der Mann. Aus einem Ulmenstück entsteht die Frau: »Bis drei Asen aus dieser Schar, stark und gnädig zum Strande kamen: Sie fanden am Land, ledig der Kraft, Askr und Embla. Nicht hatten sie Sinn, nicht hatten sie Seele, nicht Lebenswärme, noch lichte Farbe, Sinn gab Odin, Seele Hoenir, Leben Lodurr.«

14 *Beim Anblick der Esche bei Boll, Kreis Sigmaringen, hätten sich Germanen an Yggdrasil erinnert gefühlt. Der 200–300 Jahre alte Riese überspannt mit seinen weit ausladenden Armen 27 m. Der Stamm hält 7,05 m Umfang.*

Die Marone

Heute sieht man häufig die Rosskastanie als Zierde vor alten Bauernhäusern. Ursprünglich war es allerdings die Marone oder Edelkastanie, die diese Funktion hatte. Am Niederrhein, besonders im Landkreis Wesel, sind noch viele der nützlichen Bäume auf den landwirtschaftlichen Gütern erhalten geblieben. Respektable Maronen mit 6 bis 7 m Stammumfang sind dort keine Seltenheit.

Rosskastanie und Edelkastanie haben außer dem Namen und der optischen Ähnlichkeit der Früchte nichts gemeinsam. Die Rosskastanie zählt zu den Seifenbaumgewächsen, ihre Früchte taugen nur als Viehfutter. Die Edelkastanie zählt dagegen zu den Buchengewächsen, und ihre Früchte, die Maronen, sind auch für den Menschen gut genießbar. *Castanea sativa* – essbare oder sättigende Kastanie, so heißt ihre wissenschaftliche Bezeichnung. Bis ins 17. Jahrhundert hinein diente die Marone in den warmen Regionen Deutschlands, vor allem den Weinanbaugebieten, als ein regelrechtes Volksnahrungsmittel. Bei den Kleinbauern in den Südtälern der Alpen rechnete man 1 Baum pro Kopf, denn 1 Baum trug etwa den Jahresbedarf einer Person: 100–200 kg Maronen.

In Sachen Ertrag und Wirtschaftlichkeit lief der Marone, insbesondere in den kühleren Klimaten, ab dem 18. Jahrhundert die neue Kartoffel den Rang ab. Nur in der Vorweihnachtszeit kehrt sich die Situation für eine Weile wieder um, wenn in den Städten die Maronibrater ihre kleinen Holzkohleöfchen aufstellen und die Straße vom Duft gebratener Maronen, Äpfel und Backwaren erfüllt ist.

Aber wer holt eigentlich die Kastanien aus dem Feuer? In der Fabel »Der Affe und die Katze«, basierend auf einem alten orientalischen Stoff, motiviert der Affe die Katze, mit ihren Pfoten die gerösteten Kastanien aus dem Feuer zu scharren, um sie anschließend selbst zu verspeisen. Im »Politischen Blumengarten« aus dem Jahr 1639 wird erstmals die politische Taktik aufgezeigt, für undankbare Aufgaben am besten andere einzuspannen. Auch Otto von Bismarck erklärte seine politische Strategie mit der alten Redensart. Er meinte: »Wenn andere Leute sich dazu hergeben, die Kastanien für einen aus dem Feuer zu holen, warum soll man das ihnen nicht gern überlassen?«

15 *Die wunderschöne Marone (Castanea sativa) mit 6,50 m Stammumfang steht am Fuß des Donnersberges bei Dannenfels, Rheinland-Pfalz. Man findet sie in einem kleinen Tälchen, wenn man am Ortsausgang nach Steinbach direkt hinter dem Ortsschild 250 m in Richtung Wald hangaufwärts geht. Alter: 180–220 Jahre.*

Die Eibe

Die Eibe gilt als der Baum des Todes und zugleich der Ewigkeit. In seinen »Metamorphosen« (Verwandlungen) beschreibt der antike Dichter Ovid ihren Platz an der Schwelle zur Unterwelt: »Abwärts zieht sich der Weg von trauernden Eiben umdüstert – führt er durch Schweigen stumm zu den unterirdischen Sitzen«.

Das Motiv der Düsternis lässt sich im Schatten einer Eibe hautnah nachempfinden. Eiben benötigen zum Überleben kaum Licht, nur halb so viel wie die ebenfalls sehr schattentolerante Tanne. Im unteren Stockwerk des Waldes oder im Nordwinkel alter Gemäuer führt die Eibe ein verborgenes Dasein. Unter ihrer Krone ist kein grüner Halm zu finden, nur unbewachsener, blanker Boden.

Das Motiv des Todes ist in der Eibe allgegenwärtig. Alle Teile des Baumes, ausgenommen der leuchtend rote, fleischige Arillus der Eibenfrucht, enthalten das starke Lähmungsgift Taxin. Germanen, Kelten und andere frühe Völker tunkten die Spitzen ihrer Pfeile in Eibensud, wenn sie auf die Jagd gingen.

Auch die mit Abstand besten Bögen und Armbrüste stammten aus dem zähelastischen Holz der Eibe. »Ötzi«, die 1991 entdeckte Gletscherleiche eines Steinzeitjägers und -sammlers, der vor etwa 5000 Jahren in den Ötztaler Alpen gelebt haben soll, trug einen 1,82 m langen Eibenbogen bei sich. Bei Verden in Niedersachsen stieß man in einer Mergelgrube auf die konservierten Knochenüberreste eines Mammuts: In den Rippen des Fossils steckte ein Speer aus Eibenholz. Eibenholz war als Material so gefragt, dass die Eibenbestände Europas im Lauf des Mittelalters drastisch zusammenschrumpften. Als schließlich England als größter Exporteur von Eibenholz ausfiel, war jeder Waffenherr gut beraten, wenn er im Umkreis seiner Burgen und Schlösser Eiben anpflanzte, um sich auf diese Weise seine eigene »nachwachsende Waffenkammer« anzulegen. Bald bestand sogar ein Exportverbot, das sich gegen die Völker donauabwärts richtete. Vor allem war es verboten, Eibenholz an die Türken zu liefern, denn sie galten als »Erzfeind der Habsburger und der gesamten Christenheit«. 1568 musste Herzog Albrecht melden, dass auch die hiebreifen Eibenbestände Bayerns abgeholzt seien.

Eibenessenz half früher den gebärenden Frauen bei der Geburt, verursachte aber auch bei einer gezielten Überdosis den frühzeitigen Abort, womit der Eibenbogen beides, Geburt und Tod, überspannte. Manchmal freilich verstarb die werdende Mutter gleich mit, weil die Konzentration des giftigen Alkaloids von Pflanze zu Pflanze stark schwankt. In Siebenbürgen erhielt die Eibe darum den Namen »verbodä Bum«: verbotener Baum. Der römische Feldherr Cäsar vermerkt in seinen Aufzeichnungen über den »Gallischen Krieg«, dass der Keltenkönig Catuvolcus sich mit Hilfe einer Eibe das Leben nahm. Und Plinius verbreitet im selben Jahrhundert das Gerücht, die Eiben Arkadiens seien so giftig, dass ein jeder, der auch nur unter ihnen schliefe oder äße, sterben müsse.

Vor unserer Zeitrechnung nahm die Eibe eine Schlüsselstellung in Religion und Mythologie ein. Im 24er-Runenfuthark, der Runenreihe beziehungsweise dem Alphabet der Germanen, ist die Eibenrune »é« gleichbedeutend mit der Zahl 13. Von Yggdrasil, dem Weltenbaum der Germanen, heißt es in der Edda: »Immergrün steht sie am Urdbrunnen«. Das könnte bedeuten, dass die ältere Wurzel des Weltenbaumes nicht der laubwerfenden Esche sondern der immergrünen Eibe entstammt. Im Beithe-Luis-Nion, dem Baumogham oder »Baumalphabet« der Kelten, steht die Eibe, Idhadh, für

16 *250-jährige Eibe am Pfarrhaus in Jabel, nahe dem Müritz-See. Der Umfang des Stammes, in dem mehrere Kerne miteinander verschmolzen sind, beträgt 4,67 m.*

den Buchstaben »i« und wird darin als »ältestes Holz« umschrieben.

In der Botanik nimmt die Eibe insofern eine Sonderstellung ein, als ihre Verwandtschaft zu Zapfen tragenden Nadelgehölzen bis heute nicht einwandfrei geklärt werden konnte. Eiben bilden eine eigene Pflanzenordnung.

Auf keltischen Friedhöfen symbolisierte eine große, solitäre Eibe die bleibende Verbindung zu den Ahnen. Es gab dazu die gruselige Vorstellung, dass die Friedhofseiben ihre Wurzeln in die Münder der Toten wachsen ließen, damit diese aus dem Inneren der Eibe mit ihren Nachkommen sprechen könnten.

Der berühmte schottische Fraser-Clan, urkundlich erstmals um 1109 erwähnt, führte seine Existenz auf die Eibe zurück und wählte den Baum als seine Clanpflanze. Auch die Kultgegenstände der keltischen Druiden waren vermutlich vorwiegend aus Eibenholz geschnitzt, was die mythologische Bedeutung der Eibe unterstreicht.

Die Auenbäume

In den Auen unserer Flüsse gedeihen auf feuchten, tiefgründigen und regelmäßig überfluteten Schwemmlandböden die so genannten Weichhölzer: Weide, Pappel und Erle.

Jede dieser Baumgattungen hat die Fantasie der Menschen bewegt und Mythen und Sagen heraufbeschworen.

Weiden und Erlen, die auch in unwirtlichen Sumpfgegenden anzutreffen sind, weckten zumeist negative Assoziationen. Die Weide vermag sogar noch auf Böden zu existieren, die das halbe Jahr über von Wasser bedeckt sind. An die Kinder erging der Rat, sich nie unter eine Weide schlafen zu legen. Es hieß, dass in den Weiden heimtückische Hexen wohnen, die mit ihren knochigen Weidenfingern nach Opfern tasten. Auch der Besen, auf dem die Hexen in der Walpurgisnacht angeblich durch die Lüfte ritten, bestand dem Volksmund nach aus zusammengebundenen Weidenruten. In der bekannten Ballade vom »Erlkönig« wird das Grauen beschrieben, das Vater und Kind beim nächtlichen Ritt durch die neblige Auenlandschaft ergreift. Hier ist es der bedrohliche Erlkönig, also ein Erlenbaum, der dem Kind »ein Leids tut«. Wie die Literaturforschung herausbekommen hat, liegt hier aber ein Übertragungsfehler eines dänischen Liedes vor, der aus einem »Elfenkönig« einen »Erlkönig« werden ließ. Damit verbessert sich der Ruf des Baumes jedoch nur vorübergehend. Denn nach altfränkischem Recht zerbrach man »über dem Kopf eines aus der Sippe ausgestoßenen Menschen vier Erlenstäbe«, womit sein Unglück als besiegelt galt.

17 *Die Pyramidenpappel (Populus nigra 'Italica') an der »Alten Reichsstraße« in Gelmeroda bei Weimar erinnert an die Napoleonische Ära in Deutschland. Der Baum besitzt 5,42 m Stammumfang und scheint der letzte Zeuge einer Allee zu sein, wie sie Napoleon zu Hunderten entlang der wichtigen Heerstraßen anlegen ließ.*

Aus dem fernen China gibt es über die Weide auch Positives zu vermelden. Sie wurde dort für ihre immense Wuchsfreude und Lebenskraft bewundert. Das Wort »Qi« bedeutet dort einerseits »Weide« aber andererseits auch »Lebensatem« (Odem). Im Demeterkult der Griechen leuchtet dieser Aspekt ebenfalls auf. Die Weide, beziehungsweise ihre Zweige waren Attribute der Göttin des Ackerbaus und der Fruchtbarkeit.

Pappeln sind in der griechischen Mythologie die Bäume der Trauer und des Todes. Als eines Tages Phaeton, der Sohn des Sonnengottes, den strahlenden Sonnenwagen seines Vaters Helios steuern durfte, geriet die erste Fahrstunde zur Katastrophe: Die Pferde gingen durch, und der Wagen kam so nah an die Erde heran, dass Flüsse austrockneten, Dürren ausbrachen und ganze Städte in Flammen aufgingen. Um die Katastrophe abzuwenden, schlug Göttervater Zeus den jungen Überflieger mit dem Blitz, worauf er tot in den Strom Eridanus stürzte. Seine Schwestern, die Heliaden, erstarrten am Ufer des Flusses vor Trauer und verwandelten sich vor Gram in Schwarzpappeln. Eine etwas andere, aber ebenfalls traurige Metamorphose erlebt Leuke, die schöne Tochter des Meergottes

18 *Silberpappeln können weit über 10 m stark werden. Die Silberpappel an der barocken Kirche in Lauterbach, Kreis Dachau, hat diese Aufgabe noch vor sich. Sie misst 5,99 m Umfang bei einem Alter von 150–200 Jahren.*

Okeanos: Als der Gott der Unterwelt, Hades, mit allen Mitteln um ihre Zuneigung eiferte, griff seine Gemahlin Persephone zu ihren Gunsten ein und verwandelte die Bedrängte in eine lichte Silberpappel. Ein Schicksal, das die Nymphe »Minthe«, allerdings als duftender Minzbusch, mit ihr teilen muss. So haben beide Pappelarten mit dem Sterben zu tun, nur dass die Schwarzpappel den Tod »verdunkelt«, die Silberpappel dagegen den Tod »erhellt«.

Ein interessantes Wortspiel steckt in dem Gattungsnamen der Pappel: *populus*, was übersetzt »das Volk« bedeutet. Einige meinen nun, die Römer hätten die Baumart deshalb so benannt, weil die Blätter der Pappel sich – so wie das Volk – »in einem Zustand andauernder Unruhe« befänden. Ein markantes, wenn auch umstrittenes Wegezeichen hinterließen Napoleons Armeen entlang der bedeutenden Heerstraßen in Deutschland. In den langen, gleichförmigen Alleen aus Pyramidenpappeln flackerten noch einmal die Ideale der Französischen Revolution – Freiheit, Gleichheit, Brüderlichkeit – auf. Wenngleich die Bauern und Unterprivilegierten, so wie stets, nur sehr wenig von dem erleben durften, was ihnen die Revolutionsführer versprochen hatten.

19 *Weiden bilden die feuchten Weichholzauen unseres Landes. Die Silberweide (Salix alba) am Obstlehrpfad zwischen Aldingen und Spaichingen, Kreis Tuttlingen, beweist die große Wuchsfreude der Gattung: 8,26 m Stammumfang binnen 180–200 Jahren.*

Die Obstbäume

Obstbäume erfreuen das Auge mit ihrer Blütenpracht. »Das ewig Weibliche zieht uns hinan«, so könnte man mit Dichterfürst Goethe sagen, wenn man zur Reifezeit in einen Obstbaum steigt, um saftige Kirschen, Pflaumen, Birnen oder Äpfel zu pflücken – zumindest, wenn man eine der alten, vitaminreichen Kulturobstsorten ergattert und nicht eine der gehaltarmen, auf Hochglanz getrimmten Euronorm-Früchte.

Die Obst und Nüsse tragenden Bäume haben die Fantasie der Menschen erfahrungsgemäß am meisten angeregt. Zahlreiche Götter aus unterschiedlichsten Kulturen bevölkern die fruchtbaren Bäume in den Mythen der Völker. Ein Blick in den Apfelbaum soll genügen, und wir sehen die dralle germanische Apfelgöttin Iduna, daneben sogleich den verführerisch lächelnden keltisch-gallischen Apfelgott Abellio, im Hintergrund, sehr schwer zu erkennen, die geheimnisvolle Keltengöttin Morrigan von Avalon, die der Legende nach auf einer Apfelinsel im fernen Westen lebt.

Im Hohelied Salomos wird die Schönheit der einzigen Geliebten schwärmerisch mit einem Paradiesgarten verglichen. »Meine Braut ist ein Garten voll erlesener Pflanzen! An Granatapfelbäumen reifen köstliche Früchte. Herrlich duften die Rosen und die Blüten der Henna. Narde, Safran und Kalmus, alle Weihrauchgewächse, Zimt und Aloe, Myrrhe, alle Arten von Balsam sind im Garten zu finden. Eine Quelle entspringt dort mit kristallklarem Wasser, das vom Libanon herkommt. Aber noch sind mir Garten und Quelle verschlossen!« Wer weiß, vielleicht sind Adam und Eva inzwischen weise genug, um zwischen erlaubten und verbotenen Früchten zu unterscheiden? Vielleicht suchen sie wieder an der richtigen Stelle nach den ewigen Geheimnissen der Liebe, Schönheit und Fruchtbarkeit?

Dass Goethe von Salomo abschrieb, verrät uns das Hohelied jedenfalls, sobald wir es zu Ende lesen. Wohlan, so muss ein Dichterfürst sich wohl vor einem Dichterkönig beugen.

20 *Der Wildapfel (Malus sylvestris) im Feld östlich Stubbendorf, Mecklenburg-Vorpommern, wird bis zu 250 Jahre alt geschätzt. Er ist mit 4,52 m Stammumfang der Stärkste der Art in Deutschland.*

21 *Am westlichen Ortsrand von Ockstadt finden wir auf einer Streuobstwiese den dicksten Speierling (Sorbus domestica) Deutschlands, 4,10 m Stammumfang, 150–250 Jahre alt. Das Foto zeigt den Baum mit den herbsauren Früchten kurz nach der Blüte.*

Wegen ihres edlen Holzes wurden viele Nussbäume gefällt. Dank der köstlichen Nüsse jedoch blieben einige stehen.
22 *Diese alte Walnuss (Juglans regia) wächst in einem Vorgarten in Todtnau im Schwarzwald nahe dem Busbahnhof. Sie ist ein Ausbund an Fruchtbarkeit und Idyll: Stammumfang 4,15 m, Alter 150–180 Jahre.*

Der Nussbaum

Auch der Nussbaum hat tiefe Spuren im Gedächtnis der Menschheit hinterlassen. Etwas weniger verlockend anzusehen als die Obstbäume, hat aber auch er seine feste Anhängerschaft. Selbst wenn nicht wirklich das ganze Universum in eine Nussschale passt, so steht der süße Kern hinter der harten Schale doch landläufig für das Wesentliche, das es mit einiger Anstrengung hinter dem Profanen zu erkennen gilt.

Im alten Griechenland war die Walnuss die Speise der Götter. Die griechischen Gottheiten Artemis Karyatis und Persephone sowie der römische Jupiter wurden dem Nussbaum zugeordnet. Bei der lateinischen Namensgebung erbrachte das den sehr gehaltvollen Namen Juglans regia, in dem »Jovis glans« (Jupiter-Eichel) und »regia« (königlich) vereinigt sind. Beim einfachen Volk unsrer Breiten galt die aus südlichen Landen eingeführte Walnuss als welsche, also fremdländische Nuss. Sie wurde als Glücksbringer und Fruchtbarkeitssymbol verstanden. Im Volksglauben hieß es, dass »viele Nüsse viele Knaben« bringen.

Eine weniger königliche Funktion übten die Walnüsse während des Mittelalters aus: Sie wurden in der Nähe des Stillen Örtchens gepflanzt, weil ihre Ausdünstungen lästige Fliegen und Mücken vertreiben. Auch andere Pflanzen werden von der Walnuss offenbar ferngehalten, denn unter ihrer Krone wächst nicht viel anderes Grün. Es scheint mit den Inhaltsstoffen des Laubes zusammenzuhängen, die bei der Verrottung frei werden und andere Pflanzen hemmen.

Zur Weihnachtszeit haben Walnüsse ihre kulinarische Hochsaison. Viele leckere Rezepte greifen auf die ölreiche Steinfrucht zurück, und auch die Schalen finden sich als vergoldeter Schmuck an unseren Weihnachtsbäumen wieder. Der Großteil der Walnüsse kommt heute allerdings nicht mehr aus den südlichen Herkunftsländern, sondern aus Kalifornien. 1770 gelangten die ersten Samen durch spanische Missionare in die Neue Welt. Mit der Pflanzung des ersten Walnussgartens nahe Santa Barbara, Kalifornien, begann im Jahr 1867 ihr kommerzieller Anbau auf dem amerikanischen Kontinent.

Von Ostfriesland zum Niederrhein

Riesenlinde zu Heede

Kreis Emsland
Alter: 500–650 Jahre
Stammumfang (1992): 16,15 m

23

In Heede an der Ems steht der landesweit dickste Baum: die Riesenlinde, ein vielarmiger Lindenkoloss, ein gigantisches Bollwerk der Natur, das man ungläubig und in einem Anflug von Ehrfurcht umrundet.

Ein Steinkreis aus dicken Findlingen rund um die flache Anhöhe unterstreicht die Besonderheit des Ortes. In einer Strophe des Heeder Heimatliedes heißt es über die riesige Winterlinde *(Tilia cordata)* treffend:

»In Heede erhebt sich ein Stamm wie ein Wald / Mit viermal vier Bäumen Jahrhunderte alt / Wie unsere Linde, so groß und so schön / Ist keine noch jemals auf Erden gesehn.«

Von den ehemals 16 baumstarken Stämmen der Linde sind, nach unserer Zählweise, noch 11 erhalten geblieben. Ihre Astspitzen ragen gut 26 m hoch, die keilförmige Krone lädt über 30 m weit aus und überspannt damit den gesamten Burghof der ehemaligen Schärpenburg, die im Jahr 1467 um den Baum herum errichtet worden sein soll.

Im Verlauf des Zweiten Holländischen Krieges soll die Burg im Jahr 1673 geschleift worden sein. Es heißt, der holländische General habe dabei Befehl gegeben, die große Linde zu verschonen. Durchaus denkbar, denn im Artikel »Reise durch das weite Land« aus dem Jahr 1864 schreibt der Landeskundler Johann Georg Kohl, die Linde habe die Gestalt eines »Riesenpfeilers« mit einem »Piedestal« (Sockel) aus mächtigen Wurzeln und einem »dicken Kopf« aus starken Zweigen. In der Taille betrug ihr damaliger Umfang sechs Klafter: 11,30 m. Die heutige Vielstämmigkeit muss später durch ein katastrophales Ereignis entstanden sein, bei dem die Primärkrone regelrecht abgeschraubt wurde. 1957 wurde die Linde behandelt. Eine damals noch vorhandene Plattform in der Krone wurde beseitigt, die Äste mit Seilen verspannt.

Die Winterlinde zu Heede, deren Blätter entgegen den botanischen Merkmalen auffallend groß ausfallen, zählt zur Spitzengruppe europäischer Lindenbäume. Eine dickere vollholzige Linde ist nirgendwo bekannt.

Standort:

In Heede südwestlich Papenburg, der Weg ist beschildert.

Predigtulme in Homer

Kreis Borken
Alter: 250–430 Jahre
Stammumfang (1996): noch 8,35 m 24

Die Predigtulme in Homer, einer kleinen Streusiedlung im Naturpark Hohe Mark mit dem klingenden Namen des antiken Dichters, ist ein Baum mit Geschichte und bewegendem Schicksal. Die Wallfahrtsroute zur Gnadenkapelle in Kevelaer führte früher am Baum vorbei. Als der sagenumwobene »Predigtstuhl« noch den Wegesrand des alten Landweges säumte, machten viele Fußgänger und Fuhrleute Rast unter der alten Flatterulme *(Ulmus laevis)*.

Das Schwarzweißfoto zeigt die Predigtulme vor dem Brand im Jahr 1959.

Sie steht auf dem Hof Roring-Winkelschulte. Ein altes Schwarzweißfoto des Hofbesitzers zeigt den Baum und die »schicke Mode« der 50er-Jahre, als der Stamm noch monumental, viertriebig und vollholzig war und dabei etwa 9,60 m Umfang besaß. Doch im Winter 1959 brach auf dem Hof Feuer aus. Das Wohnhaus brannte ab, die Flammen griffen auf die Ulme über und verkohlten Stamm und Krone. Ihr Überleben war mehr als unwahrscheinlich – doch Totgeglaubte leben bekanntlich länger. Im Frühling 1960 trieb die Ulme wieder aus – kurioserweise nur auf der dem Feuer zugewandten Seite. Die andere Baumhälfte mit ihren zwei starken Stämmlingen starb ab.
Ein weiterer Schicksalsschlag traf die tapfere Ulme in den 80er-Jahren. Ein Blitz fuhr zwischen die verbliebenen 2 Starkäste und spaltete den Baum in 2 Hälften. Es ist umso erstaunlicher, wie vital sich der mehrfach gebrochene Baum heute noch präsentiert.

Aus den 2 knorrigen, ausgehöhlten Stammstümpfen strebt unermüdlich neues Grün. Im September 2000 wurde die Krone zum Schutz vor Überlastung zurückgeschnitten. Nach einigem Zögern hat die Flatterulme das darauf folgende Jahr dazu genutzt, ein dichtes Gestrüpp aus schlanken Neutrieben zu bilden. Der Zustand, wie er im Bild links zu sehen ist, wird erst in einigen Jahren wieder erreicht werden.

Standort:

Am Hof Roring-Winkelschulte in Homer westlich Raesfeld.

Hofeiche bei Hopsten

Kreis Steinfurt
Alter: 300–450 Jahre
Stammumfang (1992): 8,40 m

25

In einem Beitrag über Deutschlands älteste Eichen in der Beilage zur »Kölnischen Volkszeitung« vom 2. März 1900 heißt es: »Die Eiche in dem Dorfe Hopsten bei Ibbenbüren sieht von weitem aus wie ein riesenhafter Strauch, da ihr Stamm nur 2 Meter hoch ist; derselbe hat 667 Zentimeter Umfang, die sieben dicken Aeste (der dickste hat 430 Zentimeter Umfang) bilden mit ihrer Auszweigung eine gewaltige Krone von etwa 27 Meter Durchmesser. Der Baum ist 25 Meter hoch.« Nach reichlich 100 Jahren ist aus dem »riesenhaften Strauch« ein majestätischer Eichbaum geworden, der wohl schon seit 16 Generationen den Hof beschattet und behütet.

Standort:

Auf dem Hof der Familie Brockmöller östlich Hopsten, 4 km westlich von Recke.

Hutebuche bei Tinnen

Kreis Emsland
Alter: 200–340 Jahre
Stammumfang (2000): 6,90 m

26

Im Naturschutzgebiet Tinner Loh im Emsland stößt man auf eine ganze Reihe ungewöhnlicher Rotbuchen *(Fagus sylvatica)*. Es handelt sich um alte Mastbuchen. Jahrhundertelang wurde hier das Weidevieh unter die Kronen der aufgelockert stehenden Bäume getrieben. Das Dorf Tinnen ist Luftlinie nur etwa einen halben Kilometer entfernt.
Anstelle der buchentypischen ebenmäßigen und geraden Stämme entstanden infolge des Viehverbisses skulpturartige, knollige Stammformen mit charakteristischen Rindenwucherungen. Jahrringbohrungen ergaben für die meisten Exemplare ein Alter um 200 Jahre. Den beeindruckenden Mittelpunkt des Altbaumvorkommens bildet allerdings eine geheimnisumwitterte Starkbuche, die sich deutlich vom übrigen Bestand abhebt. Ihr einstämmig aufgewachsener Erdstamm misst fast 7 m Umfang.

Standort:

Im Zentrum des Naturschutzgebietes Tinner Loh bei Tinnen östlich Haren.

Kaiser's Buche in Schwafheim

Kreis Wesel
Alter: 250–350 Jahre
Stammumfang (2001): 8,03 m

27

Früher stand die alte Buche einsam im Feld. Nun ist sie umringt von Wohnhäusern, die während des vergangenen Jahrhunderts am Ortsrand von Schwafheim errichtet wurden. Als sicherlich ältester Anwohnerin hat man ihr ein Refugium belassen. Ein Metallzaun umgibt großzügig ihren Standort. Auf dem Wurzelteller wurden bodenverbessernde Pflanzen angesiedelt.

Standort:
In der Heidestraße in Schwafheim, einem Stadtteil von Moers.

Foto aus »Mitteilungen des Rheinischen Vereins für Denkmalpflege und Heimatschutz«, 1912.

Linde in Asbeck

Kreis Borken
Alter: 400–425 Jahre
Stammumfang (1996): 10,60 m

28

Die beiden auseinander klaffenden Stammteile der Asbecker Linde sind noch über einen schmalen Steg miteinander verbunden – Beweis dafür, dass es sich wirklich um einen einzigen Baum handelt. Die Krone beweist dasselbe. Sie ist breit-oval, beinahe pilzförmig ausgebildet und wirkt sehr homogen und geschlossen. Unter dem Laubdach der Sommerlinde *(Tilia platyphyllos)* ist ein steinerner Bildstock aufgestellt.

Standort:
In Asbeck nordöstlich Legden, am Dorfrand in Richtung Schöppingen, im Lindenweg.

Ravenseiche in Erle

Kreis Borken
Alter: 600–830 Jahre
Stammumfang (1989): noch 12,00 m 29

In Erle, einem kleinen Dorf im Naturpark Hohe Mark, ist der wohl älteste Laubbaum Deutschlands zu Hause. Die Ravenseiche ist ein lebendiges Fragment, das nur noch auf 3 dünnen äußeren Stammschalen steht. Vermutlich war sie einst eine heidnische Opferstätte. Das Münsterland ist altes Sachsenland, das erst sehr spät im Gefolge der Sachsenkriege 772–804 durch Karl den Großen christianisiert werden konnte.
Die Sage weiß zu berichten, dass der Gott Odin selbst als Richter unter der Eiche saß. Seine beiden Raben, Hugin und Munin, hockten in den Zweigen des Baumes, schauten in alle Himmelsrichtungen und erzählten dem Gott, was rundum geschah.
Im Mittelalter wurden unter der Eiche Freigerichte gehalten. Dazu wurde unter der Krone ein Freistuhl aufgestellt, von dem aus die freien Grafen, nach dem Recht von Kaiser Karl dem Großen, Gericht hielten über »handhafte Taten«. Bis zum Jahr 1589 wurden die Vergehen Mord, Raub und Meineid unter der Eiche verhandelt und der Angeklagte kurz und bündig schuldig oder unschuldig gesprochen. War der Angeklagte nicht anwesend – und das war die Regel –, so wurde er verfemt und war »vogelfrei«. Dies geschah nachweislich im Jahr 1441, als die Gebrüder Diepenbrock wegen Schöffenmord in Abwesenheit verurteilt wurden. Noch heute ist die alte Eiche weithin als »Femeeiche« bekannt.
Beim Wuchs der Stieleiche *(Quercus robur)* fällt die starke Neigung nach Südwesten auf. Sie stemmt sich gegen die vorherrschende Windrichtung, sodass man annehmen kann, dass der Baum in jungen Jahren in diese ungünstige Richtung wachsen musste, um sich einen Platz am Licht zu erobern. Die Hauptkrone der mächtigen Eiche brach vermutlich im 17. Jahrhundert, denn bereits um das Jahr 1800 war der Baum komplett hohl.
Aus der Erler Pfarrchronik wissen wir, dass um 1750 herum die Enten des Pfarrers die lästige Angewohnheit hatten, in der hohlen Eiche ihre Eier zu legen. Weil der Pastor zu dick war, musste der Junge vom Nachbarhof ihm die Eier aus dem Baum holen. Später ließ der Pastor einen schmalen, mannshohen Eingang anlegen, und die vermoderte Baumhöhle wurde freigeräumt.
Bald danach hielt die Zivilisation Einzug. Im Jahr 1819 hielt der Kronprinz von Preußen, der spätere Friedrich Wilhelm IV., mit 18 000 Soldaten ein Manöver in der Erler Heide ab. Beim Besuch des berühmten Baumes ließ er 36 voll ausgerüstete Infanteristen in seinem Innern Aufstellung nehmen. Auch der Bischof von Münster soll im Jahr 1851 gemeinsam mit weiteren 11 Geistlichen einen »Sit-in« im Eichbaum gehabt haben.
1892 sah man sich genötigt, die angeschlagene Eiche mit mehreren Balken zu stützen. Auch die kontraproduktive Idee, die Eiche mit Eisenringen zu stabilisieren, fällt in diese Zeit. Die eingewachsenen Eisenringe wurden 1965 wieder entfernt, denn sie hatten den Saftfluss im Stamm mehr und mehr eingeschnürt. Die Stützen aus dem Jahr 1892 wurden durch 6 neue Holzstützen ersetzt, um die Sekundärkrone fortan vor Bruch zu sichern. Der Boden wurde im gesamten Traufbereich der Krone aufgelockert, mit Humus und Baumfutter angereichert und mit grobem Kies bedeckt, sodass Wasser und Luft freien Zugang ins Erdreich haben.

Von der Basis der Ravenseiche sind nur noch 3 dünne Stammschalen übrig geblieben.

Ein Rundgatter verhindert, dass der Boden durch die Tritte der Besucher nochmals verdichtet wird.
Die Sanierungsmaßnahmen sind der Stieleiche gut bekommen, alljährlich zeigt sich die Eiche dicht belaubt. Der Fruchtansatz ist gut und die Eicheln sind unter den Einwohner von Erle heiß begehrt. Die Leute sammeln sie ein und lassen sie in ihren Vorgärten keimen. Die Kronenhöhe beträgt aktuell 12 m, der Stammumfang ebenfalls 12 m. Es ist bezeugt, dass die Krone vor einem Wipfelbruch im Jahr 1927 noch 18 m hoch war und ihr Stammumfang 14 m betrug. Ihr exaktes Alter entzieht sich jeder wissenschaftlichen Bestimmung. Der im Durchmesser fast 3 m fassende Hohlraum im Innern der Eiche zeigt geradezu symbolhaft, wie spurlos die Zeit vorübergezogen ist. Sicher ist nur, dass die Eiche 1441 schon stand und folglich weit über 560 Jahre alt sein muss.
Viele Menschen fragen sich, wie Bäume überhaupt ein so hohes Alter erreichen können. In Erle klingt eine der möglichen Antworten fast zu einfach: Die Ravenseiche entfaltet alljährlich als weit und breit erste Eiche ihre Blätter. Der Eichenwickler, ein Laubschädling, der sich erst mit dem Austrieb der übrigen Eichen entwickelt, konnte ihr deshalb nichts anhaben.

Standort:

In Erle südöstlich Raesfeld, der Weg ist beschildert.

Pappel bei Büderich

Kreis Wesel
Alter: 150–200 Jahre
Stammumfang (1996): 8,85 m

30

Am Rheindeich bei Büderich, Niederrhein, konnte eine Schwarzpappel *(Populus nigra)* zu erstaunlicher Stattlichkeit heranwachsen. Ein Mensch wirkt verschwindend klein unter der Riesin, die einen Stammumfang von beinahe 9 m und einer Kronenhöhe von gut 35 m aufgebaut hat. Sehr alt ist die große Pappel dennoch nicht. Als typische Vertreter der Weichholzaue sind Pappeln für ihr rasches Wachstum bekannt. Und ihr weiches Holz: Erst kürzlich brach ihr unterster Starkast.

Standort:

100 m entfernt vom Pavershof nördlich Büderich (bei Wesel), am rheinseitigen Abhang des Deichs.

Schöne Esche in Mittegroßefehn

Kreis Aurich
Alter: 180–270 Jahre
Stammumfang (2006): 7,30 m

31

Im Fehngebiet Ostfrieslands, mitten im Küstenlandkreis Aurich, steht eine Esche, die wir unbedingt mit dem Adjektiv »schön« schmücken wollen. 2 »Schöne Eichen« sind bereits im Bildband enthalten, die ihren Namen von der Bevölkerung vor Ort zu Recht erhalten haben. Vielleicht bedarf es manchmal aber auch eines kleinen Anstoßes von außen, um eine bisher namenlose Esche zur »Schönen Esche« zu küren. Ihr starker, ebenmäßiger Stamm läuft zum Boden hin unmerklich in einen harmonischen Sockel aus, die Krone ist weit gefächert und frei von Schäden durch Bruch oder Blitzschlag. Nur einige überhängende Äste, die sich zur schmalen Kanalstraße hin streckten, wurden vor längerer Zeit gekappt. Die Fuhrwerke hatten keine freie Durchfahrt mehr.

Hübsch und von typischem Lokalkolorit ist der Standort unmittelbar am ruhig dahinfließenden Großefehnkanal, auf dem von Zeit zu Zeit ein Grüppchen Stockenten seine Bahnen zieht oder ein kleines Boot vorbeituckert.

Hoffentlich bleibt dieser schöne und kraftstrotzende Baum noch lange in dieser Form erhalten. Sein Stammumfang an der Basis wird von keiner der weitaus älteren Eschen Süddeutschlands übertroffen.

Standort:

Am Großefehnkanal in Mittegroßefehn südöstlich Aurich, an der Straße »Hauptkanal Nord«.

Alte Kirsche bei Damme

Kreis Vechta
Alter: 120–150 Jahre
Stammumfang (2006): 4,52 m

32

Der Landkreis Vechta ist nicht gerade für seinen Baumreichtum bekannt. Das Land ist flach und stark landwirtschaftlich genutzt. Aber auf Anfrage bei der Unteren Naturschutzbehörde erhielten wir eine verblüffende Mitteilung. Eine als Naturdenkmal ausgewiesene Kirsche *(Prunus avium)* von sagenhaften Ausmaßen sollte im Landkreis ihr verborgenes Dasein fristen. Wir fanden sie bei der alten Ziegelei.

Der 2-, ehemals 3-stämmige Kirschbaum ist betagt und für die Baumart sehr charaktervoll. Er lässt sich bequem von 3 rostigen, längst in die Jahre gekommenen T-Trägern stützen. Wie eine gewaltige, muskulöse Pythonschlange windet sich der mächtige Seitenast 10 m weit fast horizontal nach Südwesten, um sich ganz außen senkrecht zu stellen. Die Eisenstütze darunter hat sich Besorgnis erregend verbogen. Eine neue Abstützung wäre dringend nötig.

Die gut erhaltene denkmalgeschützte alte Ziegelei, eingebettet in ein Mosaik aus Feld und Wald, befindet sich gleich nebenan. Sie nahm 1864 die Produktion auf, musste aber 1962 wieder schließen, nachdem es aufgrund von unterirdischem Erzabbau durch eine benachbarte Grube zu Bodenabsenkungen gekommen war. Als zweites Standbein besaß die Ziegelei eine kleine Landwirtschaft. Der Kirschbaum mag den Familienbetrieb über Jahrzehnte hinweg mit frischem Obst versorgt haben. Wahrscheinlich wurde der Baum zur Gründung der Ziegelei gepflanzt und hat sich anschließend als raschwüchsig erwiesen.

Standort:

An der alten Ziegelei am nördlichen Ortsrand von Damme südwestlich Diepholz.

Von Angeln zur Altmark

Ulme in Nindorf

Kreis Lüneburg
Alter: 240–350 Jahre
Stammumfang (2006): 7,17 m

33

Ein Blumenbeet mit lustigen Holzfiguren umgibt die knorrige Ulme in Nindorf. Ein Beweis dafür, wie fantasievoll mit alten Bäumen umgegangen werden kann, wenn man sie in die Gestaltung von Grundstücken und in ein gelungenes Ortsbild einbeziehen möchte. Sie ist die Zierde des Ulmenhofes, ihre charaktervolle Erscheinung steht unübersehbar rechterhand der Hofeinfahrt.

Der ausgehöhlte Stamm bietet verblüffende Ansichten, von allen Seiten tauchen neue Schlupflöcher und Durchgänge auf. Die Ursprungskrone ist schon lange Vergangenheit, dünnere Nachwuchsäste tragen heute das Laub. Doch der Stumpf ist noch derselbe wie vor 150 Jahren. Damals, 1850, spielten die Dorfkinder »Burgkapern« im Baum. Wer oben war, musste die hölzerne Festung halten, wer unten war, die Verteidiger überlisten oder vom Baum herunterziehen, um sich dann selbst zum Burgherrn aufzuschwingen. Ob er dasselbe Spiel heute noch verkraften würde? Zum Glück ist die Flatterulme *(Ulmus laevis)* als Naturdenkmal ausgewiesen und wird daher keine Kinderanstürme mehr erdulden müssen.

Ulmen wie diese sind in der heutigen Zeit selten. Durch die so genannte Holländische Ulmenkrankheit wurden die Ulmenbestände Westdeutschlands fast komplett ausgelöscht. Der Standort der Ulme westlich der Elbe ist daher eine Überraschung. Die meisten alten Ulmen befinden sich nämlich in den »Rückzugsgebieten« Nordostdeutschlands: in Brandenburg und Mecklenburg-Vorpommern. Hier wie dort sind es vor allem Flatterulmen, die überlebt haben. Möglicherweise liegt das an einer besseren Resistenz gegenüber der Holländischen Ulmenkrankheit. Oder die Käfer, durch die die Krankheit übertragen wird, nagen lieber an den beiden anderen Ulmenarten. Der Effekt ist jeweils der gleiche: Alte Bergulmen und Feldulmen sind heute eine echte Rarität.

Auf dem hohlen Ulmenstamm, voller Schlupflöcher und Durchgänge, spielten die Dorfkinder vor 150 Jahren »Burgkapern«.

Standort:

In der Ortsmitte von Nindorf südlich Bleckede an der Elbe. Am Eingang zum »Ulmenhof«.

Hohle Eiche in Egenbüttel

Kreis Pinneberg
Alter: 400–475 Jahre
Stammumfang (2000): 8,50 m

34

In Egenbüttel bei Rellingen gibt es eine Straße, die schlicht »Hohle Eiche« heißt. So hat man dem ältesten Anwohner der Straße, der Ortschaft, eventuell sogar ganz Schleswig-Holsteins gewürdigt. Die bedenklich geneigte Stieleiche *(Quercus robur)* am Straßenrand hat den Grundriss eines Hufeisens. Der Stamm ist zu gut einem Drittel geöffnet. Der Blitz hat vor 2 oder 3 Jahrhunderten in die Eiche eingeschlagen.

Die historische Aufnahme zeigt die »Hohle Eiche« um das Jahr 1920.

Bei einem Feuereinsatz gegen Hornissen verbrannte vor 60 Jahren das Trockenholz im hohlen Stamm. Nebenan befand sich damals noch der in den 50er-Jahren aufgegebene »Gasthof zur Hohlen Eiche«. Vielleicht hatte der Wirt Angst um seine Gäste, oder es sollte wieder einmal eines der beliebten Skatspiele im Hohlraum der Eiche stattfinden, bei dem die Hornissen keinen »Stich« machen sollten. Die jugendhaft lichte Kugelkrone des Eichenrecken steht im krassen Gegensatz zu seinem wuchtigen, umgekehrt-keulenförmigen Stamm, der sich nach oben hin verjüngt und spitz endet. Im Winter, wenn der Blick auf den 10 m hoch aufragenden Stamm frei ist, wirkt er wie ein gigantischer Hinkelstein.

Standort:

In der Straße »Hohle Eiche« in Egenbüttel östlich Rellingen.

Ahorn im Hamburger Hirschpark

Hansestadt Hamburg
Alter: 200–220 Jahre
Stammumfang (2000): 5,36 m

35

Beim Anblick des Bergahorns *(Acer pseudoplatanus)* im Hirschpark liegen einem Superlative auf der Zunge. Die Proportionen von Stamm und Astwerk sind ungewöhnlich harmonisch. Der Stamm formt einen konkaven Sockel, ein Strauß aus Ästen geht daraus hervor und überspannt an der breitesten Stelle eine Distanz von 36 m. Der großartige Bergahorn gehört zum alten Baumbestand des Hirschparks, der gegen Ende des 18. Jahrhunderts begründet wurde.

Das wohlhabende Hamburger Handels- und Schifffahrtshaus Godeffroy hatte den Park 1786 privat erworben und im Englischen Stil naturnah ausgestaltet. Wahrscheinlich stammt der Ahorn aus dieser Zeit.

Standort:

Im Hirschpark an der Elbchaussee in Nienstedten.

Kaiser-Lothar-Linde in Königslutter

Kreis Helmstedt
Alter: 400–530 Jahre
Stammumfang (1989): 12,00 m

36

Königslutter am Elm, zugleich das Tor zum Naturpark Elm-Lappwald, beherbergt einen der eindrucksvollsten Bäume Deutschlands. Alles an der Kaiser-Lothar-Linde wirkt kraftvoll und wuchtig. Der mächtige Erdstamm hält eine Krone von nahezu 30 m Durchmesser aufrecht. Die vorgewölbten Starkäste der Sommerlinde *(Tilia platyphyllos)* sehen aus wie ein Schiffsbug, der sich aufbäumt gegen stürmische See oder prasselnden Regen.

Sie steht im Klosterhof des ehemaligen Benediktinerstifts mit seiner berühmten romanischen Stiftskirche, allgemein Kaiserdom genannt, die Kaiser Lothar III. 1135 aus dem damals heiß begehrten Elmkalkstein erbauen ließ. Wenn die Sage stimmt, wonach der Kaiser die Linde selbst gepflanzt hat, so müsste sie vor 1137, seinem Todesjahr, gepflanzt worden sein. Daraus ergäbe sich ein Alter von fast 900 Jahren.

An der Südwand der so genannten neuen Abtei befand sich noch im 18. Jahrhundert ein Halseisen, ein handfester Hinweis darauf, dass im Schatten der Linde einst Gericht gehalten wurde. Zudem war die Linde auch eine »Tielinde«, unter der man sich bei wichtigen öffentlichen Angelegenheiten versammelte. Die Benediktinermönche hielten hier im Mittelalter regelmäßig ihre Armenspeisungen ab.

Doch um 1750 war das Kloster aufgegeben und im Verfall begriffen. Der Königslutterer Stadtphysikus Dr. Bauer richtete in den Gebäuden eine Kaltwasserheilanstalt im Geiste Kneipps ein. Die »Leipziger illustrierte Zeitung« berichtete 1847 über das rege Badeleben, das sich bald rings um die alte Linde entfaltete: »In diesem Klostergarten, unter seinen Laubengängen und alten ehrwürdigen Bäumen, versammeln sich gegenwärtig die Badegäste, um die vom kalten Wasser geraubte Wärme durch Bewegung wieder zu gewinnen. Unter der großen, jahrhundertealten Linde, welche vor dem Kurhause steht und in deren weit ausgestreckten Zweigen eine Galerie gebaut ist, in welcher man kühle Nachmittagsruhe findet und im Dufte der Lindenblüten schlummern kann, sammeln sich die Gäste um einen altersgrauen Steintisch«.

Selbst ohne Kaltwasserbad hat der kraftstrotzende Lindenbaum auch heute noch eine erholsame und anregende Wirkung auf jeden Besucher.

Standort:

Nahe dem Kaiserdom in Königslutter, im Klosterhof des ehemaligen Benediktinerstifts.

Hainbuche im Tierpark Kirchrode

Stadtkreis Hannover
Alter: 200–350 Jahre
Stammumfang (2001): 5,22 m

37

Die alte Hainbuche *(Carpinus betulus)* im öffentlichen Tierpark von Kirchrode bei Hannover sucht landesweit ihresgleichen. Sie ist eine eindrucksvolle Demonstration dafür, welche architektonischen Glanzleistungen mit dem »hanebüchenen«, zäh-festen Hainbuchenholz zu verwirklichen sind. Das Holz der Hainbuche ist am stoßfestesten von allen heimischen Hölzern und wiegt mit durchschnittlich 0,598 g/cm³ sogar ein wenig mehr als das 0,577 g/cm³ schwere Holz der Eiche. Der stabile Erdstamm der Park-Hainbuche zeigt die arttypische Spannrückigkeit, er ist wulstig, wellig und verdreht. Nach 4 m spannen sich 12 Äste strahlenförmig zur Krone auf, 20 m in die Höhe und 31 m in die Breite. Ein besonders dicker Ast legt sogar etwa 17 m weit zur Seite aus.

Der großzügige Tierpark, der eine geschützte Entwicklung der Hainbuche garantierte, wurde 1679 angelegt. Heute bietet er einen ansprechenden und zudem kostenfreien Einblick in unsere heimische Tierwelt. Dank der schönen Hainbuche, auch als »Ludwig-Richter-Buche« bekannt, ist der Park um eine Attraktion reicher.

Ebenfalls sehenswert sind übrigens 2 Eichen-Naturdenkmale, die sich vor dem Eingang sowie im vorderen Parkteil befinden.

Standort:

Im Tierpark in Kirchrode, einem Stadtteil Hannovers, Infotafeln weisen den Weg.

Linde in Steinbergkirche

Kreis Schleswig-Flensburg
Alter: 300–360 Jahre
Stammumfang (2000): 9,04 m

38

Im 19. Jahrhundert kam das Reisen mit der Eisenbahn groß in Mode. Im »Führer durch die Umgebung der ostholsteinischen Eisenbahnen«, erschienen 1874, wird empfohlen, welche Baumsehenswürdigkeiten in der Region einen Besuch wert sind.

Interessanterweise wird dabei eine uralte Sommerlinde *(Tilia platyphyllos)* erwähnt, die viel weiter im Norden steht: die Linde in Steinbergkirche im Landstrich Angeln. Damals hatte die betagte Linde schon 8,50 m Umfang, und ihre Krone bildete »ein dichtes von zwei starken Ästen getragenes Laubdach«, das 15 m hoch und im Durchmesser 17 m breit war. Das Foto aus unseren Tagen zeigt, wie der Zahn der Zeit an der Linde genagt hat. Das Lindenlaub sprießt unverändert dicht, doch die Krone wird durch regelmäßige Schnittmaßnahmen bewusst klein gehalten. Reduktion statt Expansion – so kann vielleicht die hohle Linde für kommende Generationen bewahrt werden. Ob mit der Bahn oder nicht – die nördlichste dicke Linde Deutschlands lohnt auch heute einen Besuch.

Standort:

Vor der Kirche in Steinbergkirche 20 km östlich Flensburg.

Kattholzeiche bei Perdöl

Kreis Plön
Alter: 300–400 Jahre
Stammumfang (2000): 12,84 m

39

In Schleswig-Holstein kann der seen-
chen
Alt-
itäre
ach-
den
land
bur).
kräf-
ssen
s mit
.
man-
veau
lung,

angeblich eine Feuerstelle. Auf gleicher Höhe reckt sich ein bizarrer abgestorbener Ast horizontal über den Feldweg zur Perdöler Mühle. Auch im Wipfel der Eiche finden sich verkahlte Äste. Bei Nebel verwandelt sich die Kattholzeiche in eine wahrhaft schauerliche Erscheinung.

Bei einer Bestandsaufnahme der alten Eichen im Kreis Plön ging die Eiche übrigens als beeindruckendster Baum hervor. Die Kartierungsarbeiten wurden engagiert und mit durchdachter Methodik von der Plöner Gruppe des Naturschutzbundes Deutschland (NABU) ausgeführt.

Standort:

Im Feld bei Perdöl, 2 km östlich Wankendorf, am Weg vom Gut Perdöl zur Perdöler Mühle.

Königseiche bei Ebstorf

Kreis Uelzen
Alter: 420–450 Jahre
Stammumfang (2001): 8,61 m

40

Am Rand eines kleinen Wäldchens, dem Westerholz, reckt die kolossale Königseiche ihre hohe, schmale Krone empor. An einem in 8 m Höhe ausgebrochenen Starkast zählte das Forstamt Ebstorf 400 Jahrringe aus. Das Gesamtalter der Stieleiche *(Quercus robur)* hängt davon ab, wie lange die Eiche dazu benötigte, die Ansatzstelle des Astes zu erreichen – vielleicht 20–50 Jahre (Bild oben).

Standort:

Neben der Straße »Am Westerholz« am Ortsrand südlich von Ebstorf.

Stiftseiche in Dänisch Nienhof

Kreis Rensburg-Eckernförde
Alter: 300–400 Jahre
Stammumfang (2000): 8,14 m

41

Die imposante Stieleiche *(Quercus robur)* in Dänisch Nienhof an der Eckernförder Bucht fußt auf einer kleinen Erhebung an der Einfahrt zum ehemaligen Armenstift. Vor zirka 150 Jahren wurde die Krone bis auf eine Höhe von 7 m gestutzt. An der Kappungsstelle sind neue Starkäste entstanden, die zusammen eine eindringliche, fast kreuzförmige Figur ergeben.
Der Blitz hat die Eiche gezeichnet, von der es heißt, sie sei ein letzter Zeuge des »Isarnho«, dem Eisenwald, der als Urwald einst die gesamte Halbinsel überzog. In den Schwedenkriegen im 17. und 18. Jahrhundert soll der Eichbaum als Ausguck gedient haben.

Standort:
Vor dem ehemaligen Armenstift in Dänisch Nienhof an der Eckernförder Bucht.

Hofulme in Bierde

Kreis Minden-Lübbecke
Alter: 300–410 Jahre
Stammumfang (2003): 8,26 m (Taille)

42

Am Anwesen von Hof Ernsting in Bierde, etwas versteckt neben dem Holzschuppen, räkelt eine alte Hofulme ihr beschauliches Astwerk. Der von Moos und Flechten überzogene, stark geneigte Stamm ist hohl und stellenweise morsch. Schon vor 80 Jahren wurde der Stamm deshalb durch Drei T-Träger abgestützt. Gerhard Dallmann, der Baum-Naturdenkmale der Region sorgsam dokumentiert hat, traute ihr ein Alter von 500 Jahren zu. Die Bergulme *(Ulmus glabra)* hat vor allem im vergangenen 20. Jahrhundert einiges erlebt und überlebt. Das Holländische Ulmensterben, das in 2 Schüben über das Land ging, konnte ihr nichts anhaben. Bei einer Panzerschlacht im letzten Kriegsjahr 1945 wurde der Baum durch Explosionen in Mitleidenschaft gezogen. Nach Kriegsende sägten fremde Dorfbewohner viele starke Äste ab und verfeuerten sie im Winter. Auch Bäume haben unter Kriegsfolgen zu leiden.

Standort:
Am Hof Ernsting in Bierde östlich Petershagen.

kahle Eiche am Zaun der Oberförsterei und die mit 8,15 m Umfang zweitstärkste Eiche im Vorgarten des Anwesens sind Vergangenheit.

Nur die drittstärkste Stieleiche *(Quercus robur)*, die damals 7,25 m Umfang besaß und außer einem Blitzschaden in der Krone noch unversehrt war, hat sich bis in unsere Tage hinüberretten können. Sie steht »rechts der Chaussee« und hat ihre Vorgängerinnen [illegible]chen in Sachen Alter und Umfang übertroffen. Uwe Kühn vom »Deutschen Baumarchiv« steht im Bild Seite an Seite mit dem urigen Eichbaum und ermöglicht den faszinierenden Größenvergleich zwischen Mensch und Baum.

Standort:

Im Wald westlich Ivenrode westlich Haldensleben, auf einer Wiese schräg gegenüber der alten Försterei Bischofswald.

Mecklenburgische Seenplatte

Alte Ulme in Gülitz

Kreis Prignitz
Alter: 350–480 Jahre
Stammumfang (1997): 9,70 m

44

Auf dem Dorfanger von Gülitz im Westprignitzer Land erhebt sich die knorrige Gestalt der uralten Flatterulme *(Ulmus laevis)*. Ihr zentraler Standort am Dorfanger hat sie zum Mittelpunkt des Dorflebens gemacht. Alljährlich wird rund um den Baum das Erntedankfest gefeiert. Die Gülitzer Schulklassen lassen sich seit Generationen vor der Ulme fotografieren.

Früher befand sich in Nachbarschaft zur Ulme der Friedhof. Die Ulme stand an der Friedhofsmauer, wo sie möglicherweise bewusst angepflanzt wurde, denn Ulmen galten im Mittelalter als Zeichen der Totenehrung und des ewigen Lebens. Einige dicke Wackersteine, die sich der mächtige Beulenstamm regelrecht einverleibt und zum Teil überwallt hat, erinnern noch an den früheren Standort.

Dendrologisch betrachtet, ist diese Flatterulme ein Glücksfall, denn sie blieb von der todbringenden Holländischen Ulmenkrankheit verschont, die in 2 Schüben ab 1919 und nochmals nach 1960 über Deutschland hinweggezogen ist. Heute ist sie die mächtigste Ulme des Landes, denn die berühmte, über 12 m dicke Schimsheimer Effe im Rheinhessischen lebt nicht mehr. Ihr letzter grüner Ast vertrocknete vor über 25 Jahren.

Standort:

Am Dorfanger von Gülitz westlich Pritzwalk.

Tausendjährige Eichen im Ivenacker Tiergarten

Kreis Demmin
Alter: 400–570 Jahre
Stammumfänge (1990):
12,40 m, 9,45 m, 9,35 m

45–47

Die Alteichen im Ivenacker Tiergarten sind erstrangige botanische Sehenswürdigkeiten. Sie bilden das Epizentrum der ältesten Eichen Europas, denn nirgends sonst auf dem Kontinent existiert eine vergleichbare Ansammlung »1000-jähriger« Stieleichen *(Quercus robur)*. Sie stocken auf fruchtbarem Grundmoräneboden, der typisch ist für die Mecklenburgische Seenplatte. 5 der ehemals 11 »tausendjährigen« Baum-Naturdenkmale haben stattliche Umfänge von 7,10 m, 7,10 m, 8,85 m, 9,35 m und 9,45 m, wovon die beiden letzteren als Knusteiche und Malereiche bekannt sind.
Die sechste Eiche in der Mitte des Parks sprengt alle üblichen Dimensionen. Mit 12,40 m Umfang, einer Höhe von 35 m und einer Holzmasse von 180 Festmetern ist sie unangefochten Deutschlands dickste, natürlich aufgewachsene, einstämmige Eiche. Georg von Arnswaldt, der Mecklenburg als »Land der starken Eichen und Buchen« beschrieb, hielt sie bereits Anfang des 20. Jahrhunderts für Europas massereichste Eiche. Heute dürfte das umso mehr gelten. Im Bild links hat sich die Mutter von Bernd Ullrich, Ilse Ullrich, zwischen die Wurzeln des Eichenriesen gestellt, um die Dimensionen zu veranschaulichen.

45

Die monumentale Ringeiche zählt mit 12,40 m Stammumfang zu den größten Stieleichen Europas.

Natürlich gewachsene Eichen werden als Lassreiser bezeichnet – im Gegensatz zu Kopfeichen, deren rasches Stammwachstum durch drastische Schnittmaßnahmen und Kappungen künstlich hervorgerufen wird.

Die Herkunft der monumentalen Eiche ist im Ortsnamen verborgen. Ivenack heißt übertragen aus dem Wendischen »Weidenort«: Bereits im 1. Jahrhundert n. Chr. war das Gebiet dicht besiedelt. Die slawischen Siedler trieben ihre Viehherden zur Hute in den lichten Eichenwald.

Von 1252 bis ins 16. Jahrhundert hinein setzte das Zisterzienser-Nonnenkloster die Weidetradition fort – Zeit genug für manche Stieleiche, sich im Freistand zu etablieren.

Auf einer Landkarte von 1788 ist erstmalig der Tiergarten mit Wildgatter verzeichnet. Seitdem ist zahmes Damwild, derzeit etwa 50 Stück, für das Freihalten der Eichen zuständig.

Sagen und Geschichten ranken sich wie Efeu um die greisen Baumgestalten. 7 sündige Nonnen sollen einst in 7 Eichen verwandelt worden sein. Erst nach Ablauf von 1000 Jahren werde eine von ihnen erlöst, wonach die Eiche absterbe. Danach solle alle 100 Jahre wieder eine der mächtigen Eichen absterben und die Seele einer Nonne freigeben.

46 *Die Malereiche: vermutlich 350–450 Jahre alt, 9,45 m Umfang.*

Von der stärksten Eiche in der Mitte des Parks berichtet eine andere Sage, sie sei von einer unglücklichen Nonne gepflanzt worden, die, obgleich als Braut versprochen, von ihren Angehörigen ins Kloster abgeschoben wurde. Ihren Verlobungsring habe sie um den Stamm des aufsprossenden Baumes

Die Ivenacker Eichen um 1900. Links vorne ein inzwischen abgestorbenes Exemplar, rechts die Ringeiche. Aus Schlie, 1902.

47 *Die Knusteiche im hinteren Teil des Tiergartens, Stammumfang 9,35 m. Ihr Alter beträgt 350–420 Jahre.*

gelegt, und seitdem habe der Ring am Wachstum der Eiche teilgenommen und halte den Stamm, wenn auch dem Auge unsichtbar, noch heute umschlossen.
Das mythenhafte Alter der Ringeiche konnte bei den jüngsten Untersuchungen des »Deutschen Baumarchvis« zwar nicht glaubhaft gemacht werden. Doch die Vorstellung vom 1000 Jahre grünenden und fruchtenden Baum ist und bleibt faszinierend.

Standort:
Im Ivenacker Tiergarten nördöstlich Stavenhagen.

Schlosseiche in Gadow

48

Kreis Prignitz
Alter: 350–440 Jahre
Stammumfang (1997): 8,80 m

Der Park um Schloss Gadow, Bestandteil des Naturparks Elbetal, besticht durch 3 attraktive Solitäreichen. Die Eiche am Weiher und die Eiche auf der Wiese vor dem Schlossaufgang haben »nur« 6,25 m und 7,55 m Stammumfang. »Nur« in Bezug zur dritten Eiche im Innern des Parks, einer Stieleiche *(Quercus robur)*, deren wulstig gebogener Stamm auf 8,80 m Umfang kommt. In etwa 10 m Höhe sorgt ein abrupter Übergang des Stammes in eine alte Bruchzone für die eichentypische Urigkeit.

Standort:
Im Park von Schloss Gadow nordwestlich von Wittenberge an der Elbe.

Dicke Linde in Reinberg

Kreis Nordvorpommern
Alter: 500–590 Jahre
Stammumfang (2001): noch 10,50 m 49

Reinberg liegt südlich der Insel Rügen, nahe dem Strelchsund, der Insel und Festland voneinander trennt. In einem Geografiebuch, verlegt Anfang des 19. Jahrhunderts, wird von Reinberg »die dicke Linde und der dicke Pastor« erwähnt. Eine Bank, auf die der ehrwürdige Herr sich bei der Predigt setzen musste, stand bis etwa 1900 auf der Kanzel. So jedenfalls berichtet die »Gartenlaube«, eine damals sehr beliebte Boulevardzeitung.

Linde und Pastor wurden aber auch in einem Atemzug genannt, weil es üblich war, die Pastoren der Gemeinde im Schatten der Linde, direkt vor dem Portal der Reinberger Kirche zu bestatten. Auch der Vater des berühmten Chirurgen Billroth, der in Reinberg Pastor war, ruht dort.

Im Jahr 1902 wurde der Stoff für das »Forstbotanische Merkbuch Pommern« zusammengetragen. Darin wird vermerkt, dass die Reinberger Linde mit damals 12,25 m Umfang vielleicht der stärkste Baum Deutschlands sein könne. Ihr Alter wurde zu dem Zeitpunkt auf »700–800 Jahre« geschätzt, indem man die Pflanzung mit dem Kirchenbau im 12. Jahrhundert in Verbindung brachte. Wie historische Aufnahmen belegen, bestand die Linde schon damals aus 2 Stämmlingen. Sie ragten rund 15 m hoch. Im Hohlraum dazwischen hatten 8 Personen Platz zum Stehen.

Standort:

Vor der Kirche in Reinberg südöstlich Stralsund.

Schöne Eiche bei Pinnow

Kreis Demmin
Alter: 350–380 Jahre
Stammumfang (2001): 8,63 m

50

Im Gegensatz zu den alt ehrwürdigen, vom Leben gezeichneten Eichen im Ivenacker Tiergarten sieht die »Schöne Eiche« bei Pinnow noch jugendhaft aus. Stamm und Starkäste ziehen schwungvolle Linien, die Krone ist unverletzt und entfaltet sich frei und geräumig. Ein sonderbar geformter Seitenast, der in 3 m Entfernung vom Stamm abgebrochen ist, gibt der Eiche ihren Wiedererkennungswert. In Pinnow schwärmt man von der Stieleiche *(Quercus robur)*, sie sei die schönste im ganzen Land.

Standort:

Am See im Park des alten Gutshauses in Pinnow nordwestlich Neubrandenburg.

Dorflinde in Speck

Kreis Müritz
Alter: 350–430 Jahre
Stammumfang (2001): 9,50 m

51

Im kleinen Dorf Speck, wohlbehütet inmitten des Müritz-Nationalparks und nur wenige Kilometer vom Ostufer des Müritz-Sees entfernt, gedeiht seit vielen Generationen eine Winterlinde *(Tilia cordata)*. Ihr Stamm ist weit geöffnet, wirkt aber dennoch gedrungen und stabil. Vor den Aushöhlungen sind noch säulenförmige Stammpartien erhalten geblieben, die wichtige statische Funktionen erfüllen. Im Winter dient die 17 m hohe Lindenkrone den Saatkrähen als Übernachtungsplatz.

Standort:

Am Ortsrand von Speck südöstlich Waren.

Eiche bei Schwerin

Stadtkreis Schwerin
Alter: 300–360 Jahre
Stammumfang (2001): 8,18 m

52

Der walzenförmige Stamm der Eiche auf dem Schelfwerder teilt sich in bogenförmige, geschwungene Äste, die einen harmonischen Baldachin aus Blättern bilden. Ihr Habitus erinnert stark an den der »Schönen Eiche« von Endlichhofen. Wer die Anwohner fragt, darf das Prachtexemplar vielleicht auch aus der Nähe bewundern.

Standort:

Im Eichenweg auf der Halbinsel Schelfwerder im Schweriner See.

Glockenlinde in Walkendorf

Kreis Güstrow
Alter: 350–380 Jahre
Stammumfang (2001): 9,49 m

53

Mit einem Seitenblick auf die betagte Linde im benachbarten Alt Polchow muss die Linde in Walkendorf noch als Juniorbaum der Region gelten. Bis auf einen dicken Aststumpf scheint ihre Krone im Wesentlichen intakt. Efeu bedeckt den Boden hinter dem Stamm und hangelt sich an der Borke langsam stammaufwärts. Das lockt feuchtigkeitsliebende Regenwürmer an und fördert die Bodenqualität. 2 große Glocken, eine davon aus dem Jahr 1860, sind in einem überdachten Holzgestell neben dem Baum aufgehängt worden. Bleibt der Linde zu wünschen, dass ihr letztes Stündlein noch viele Jahre lang nicht schlagen wird.

Standort:

Am Friedhof vor der Kirche in Walkendorf westlich Gnoien.

Eiche in Lehsen

Kreis Ludwigslust
Alter: 300–410 Jahre
Stammumfang (2001): 9,20 m

54

In Küstennähe fallen die deutschen Winter meist etwas milder aus. Doch Mitte Februar 2001 wurden für Mecklenburg-Vorpommern überraschend ergiebige Schneefälle vorhergesagt. Der Schnee kam tatsächlich und die Temperaturen sackten unter −12° C. Das bedeutete für uns: Zeit, die Fotoausrüstung zu packen und aufzubrechen. »Mecklenburg-Vorpommern im Schnee«, dieses Naturereignis wollten wir uns nicht entgehen lassen.

Anderntags, kurz nach Sonnenaufgang, standen wir vor der ausgemauerten, vom Blitz zernarbten Eiche in Lehsen, von der es heißt, sie sei ein alter Versammlungs- und Gerichtsbaum. Die Sonne strahlte bei klirrender Kälte. Sämtliche waagerechten Strukturen auf Stamm, Ästen und Zweigen waren mit feinem, weißem »Puderzucker« bestreut. Nicht nur an der Lehsener Stieleiche *(Quercus robur),* sondern auch an anderen alten Bäumen der Region haben wir das seltene Wintervergnügen fotografisch festgehalten. Wer weiß, wenn es in einigen Jahrzehnten in Folge des Treibhauseffekts in Deutschland keine frostigen Winter mehr geben sollte, dann wird man für solche Aufnahmen in Zukunft vielleicht wirklich Puderzucker verwenden müssen. Es sei allerdings auch angemerkt, dass manche Klimaforscher in Europa mittelfristig mit einer neuen Eiszeit und reichlich Schneefällen rechnen, falls der mächtige Golfstrom, die »Zentralheizung Europas«, zum Erliegen kommen sollte.

Standort:

In der Straße »Zur Eiche« in Lehsen südwestlich Wittenburg.

Höhlenulme bei Klocksin

Kreis Müritz
Alter: 300–400 Jahre
Stammumfang (1990): 9,15 m

55

Am Ufer des Flachen Sees bei Klocksin, direkt neben einer kleinen, leise sprudelnden Süßwasserquelle, entdeckt das geübte Auge eine für Ulmen charakteristische Silhouette. Es ist die mächtige Höhlenulme. Wie ihre Bezeichnung verrät, ist die Flatterulme *(Ulmus laevis)* seit Jahren völlig hohl. Ein Starkast lehnt sich, aus etwa 3 m Höhe abgeknickt, noch immer an den Stamm. Durch enge Spalten und Löcher spähte man noch vor 10 Jahren ins dunkle Innere. Inzwischen ist auf der Seeseite des Stammes eine breite Öffnung entstanden, die einen neugierigen Blick in den ausgebrannten Hohlraum erlaubt.

Standort:

Am Ufer des Flachen Sees bei Klocksin in Sichtweite der Straße nach Blücherhof, nordwestlich Waren.

Vosseik bei Groß Gievitz

Kreis Müritz
Alter: 300–375 Jahre
Stammumfang (2003): 8,33 m

56

Im Jahr 1988 kam der informative DDR-Touristik-Führer »Naturdenkmale – Bäume, Felsen, Wasserfälle« heraus. Darin wird von dem auffallenden Eichenreichtum der Gemarkung Groß Gievitz am Torgelower See berichtet. »Aber eigentlich war Groß Gievitz trotzdem nicht wegen seiner vielen Starkeichen, sondern wegen der stärksten Buche der DDR mit 9,60 m Umfang weithin bekannt«, erfahren wir aus dem Buch.

Das »Deutsche Baumarchiv« fand 2003 die Stärkste der Eichen. Auf einer Lichtung des geheimnisvollen, wassergefluteten Wäldchens nahe der alten Ziegelei steht die »Vosseik«, benannt nach dem früheren Gutsverwalter.

Standort:

Auf einer Lichtung im kleinen Bruchwäldchen östlich der alten Ziegelei bei Groß Gievitz nordöstlich Waren.

Kirchhofslinde in Alt Polchow

Kreis Güstrow
Alter: 400–600 Jahre
Stammumfang (1990): 13,95 m

57

Wer die Möglichkeit hat, ältere Baumliteratur von vor hundert Jahren zu durchstöbern, findet einen Baum regelmäßig erwähnt: die Kirchhofslinde in Alt Polchow. Baumfreund Georg von Arnswaldt erstattete 1919 über »hervorragende, seltsam geformte und seltene Bäume in Mecklenburg« Bericht. Darin heißt es kurz und treffend: »Der stärkste Baum Mecklenburgs ist die Kirchofslinde in Polchow bei Laage mit einem Stammumfang von 13 m, einem Durchmesser von etwa 4 m.«
Dieser Satz gilt immer noch, nur dass die mehrteilige Linde inzwischen auf beinahe 14 m Stammumfang angewachsen ist. Ob es sich dabei um reales Wachstum oder nur um das Auseinandertriften der 3 riesenhaften

Stammfragmente handelt, muss allerdings offen bleiben.

Über das Alter der Linde streiten sich die Gelehrten. Die starke Fragmentierung des Stammes und seine überdurchschnittlichen Dimensionen sprechen für ein Alter weit jenseits der 500-Jahresgrenze, die nach unseren Erfahrungen nur von wenigen Baumindividuen überschritten wird. Eines der Stammfragmente ist völlig abgestorben. Es endet 2 m über dem Boden abrupt in einer alten, vernarbten Abrissstelle.

Das einmalig knorrige, scheinbar unerschöpflich grünende Lindengewächs, aus dessen Stümpfen eine nach wie vor respektable Krone von zirka 20 m Höhe hervorgeht, bildet mit der wenige Schritte entfernten ziegelroten Backsteinkirche ein interessantes Ensemble. Das Beispiel zeigt, welch harmonisches Zusammenspiel zwischen Natur und Kultur möglich ist.

Standort:

An der Kirche in Alt Polchow nordöstlich Laage.

Eine Wand aus Lindenholz – die betagte Kirchhofslinde in Alt Polchow.

Kroneiche bei Minzow

Kreis Müritz
Alter: 350–500 Jahre
Stammumfang (2001): 9,98 m

58

Es heißt, dass sich hinter dem Namen Kroneiche das Wort »Kranich« verbirgt. Vielleicht brüteten früher Kraniche in seiner Nähe. Die Müritz und die zahllosen fischreichen Seen und Sümpfe der Mecklenburgischen Seenplatte bieten reichlich Nahrung für die majestätischen Zugvögel, die jedes Jahr im Herbst im V-förmigen Formationsflug das Nahen des Winters ankündigen. Eine Gestaltähnlichkeit mit dem schiefergrauen Vogel liegt gewiss nicht vor. Massig und moosbedeckt wächst der Eichenstamm aus der Erde empor und entsendet seine verknorrten Astarme zum Licht. Im unteren Kronenbereich sind mehrere davon abgebrochen oder im Absterben begriffen. Die Kroneiche verkörpert das Urbild einer alten Eiche.

Standort:

An der Straße Minzow-Röbel, neben dem Forsthaus bei der Abzweigung nach Groß Kelle.

Erle bei Dobbertin

Kreis Parchim
Alter: 150–180 Jahre
Stammumfang (2006): 4,55 m

59

An welchen Flüssen stehen die dicksten Erlen? An Mildenitz und Schlitz, lautet die gereimte Antwort. Die Erle am Mühlgraben der Schlitz, Vogelsbergkreis, ist bereits in der 1. Auflage des Bildbandes »Deutschlands alte Bäume« enthalten. Die große Neuentdeckung, eine noch mächtigere Erle an der Mildenitz, Kreis Parchim, verdanken wir der freundlichen Unterstützung der Parkleitung im Naturpark Nossentiner-Schwinzer-Heide. Leiter Ralf Koch führte uns im Mai 2006 auf geheimen Pfaden durch die von Brennnesseln überwucherte Uferzone der Mildenitz ans gegenüberliegende Flussufer der Erle *(Alnus glutinosa)*, von wo aus das Foto entstand. Am schönsten, dachten wir uns da, wäre es doch gewesen, sich dem Baum mit dem Kanu auf plätschernder Wasserstraße zu nähern, zumal im Ort ein Bootsverleih ausgeschildert war. Aber wer will denn schon seine teure Fotoausrüstung in den Fluten der Mildenitz untergehen sehen? Auf der richtigen Seite angekommen, erforderte die Messung über dem Wasser dann wahrhaft akrobatische Kletterkünste. Doch schon beim vorsichtigen Besteigen des wunderbar natürlich geformten Stammes stand fest: Dies war der neue Favorit.

Standort:

Etwa 150 m westlich der letzten Häuser von Dobbertin, am Nordufer der Mildenitz.

Tümpeleiche bei Burg Schlitz

Kreis Güstrow
Alter: 350–390 Jahre
Stammumfang (2003): 8,83 m

60

Für uns, die Brüder Kühn, war es eine Überraschung, als wir von einer »Burg Schlitz« in der Mecklenburgischen Schweiz erfuhren. Geboren und aufgewachsen in der Burgenstadt Schlitz in Hessen, weckte die Namensgleichheit unsere Neugier – umso mehr, als es dort auch alten Baumbestand geben sollte.

Antwort fanden wir im Lebenslauf des Grafen Johann Eustach von Schlitz, genannt von Görz (1734–1821), der tatsächlich aus der hessischen Burgenstadt stammte und es zu einem bedeutenden Diplomaten am Preußischen Hof brachte. Im damaligen Reichstag zu Regensburg machte er die Bekanntschaft des jungen Freiherrn von Labes, mit dem er sich befreundete. Um die ersehnte Heirat seiner mittleren Tochter Louise Caroline mit dem niederrangigen Freiherrn zu ermöglichen, entschloss sich der Graf zu dessen Adoption. Aus dem ledigen Freiherrn wurde ein verheirateter Graf, von nun an Hans Graf von Schlitz genannt. Er besaß das kleine Landgut Karstorf in der Mecklenburgischen Schweiz, das er 1791 für 90 000 Taler erworben hatte. Es wurde nach der Heirat im Jahr 1794 tatkräftig erweitert, und 1801 die Siedlung »Görzhausen« als feste Unterkunft für die leibeigenen Landarbeiter geschaffen – für damalige Verhältnisse höchst unkonventionell. Unterbrochen von der Napoleonischen Ära entstand 1812–23 die imposante Burganlage auf dem Buchberg, die – wiederum zu Ehren des Adoptiv- und Schwiegervaters – »Burg Schlitz« genannt wurde. Aber nicht nur die Verbindung nach Hessen existierte, sondern auch der alte Baumbestand. Das beste Stück – eine uralte Huteeiche – wächst an einem Tümpel nördlich der Burg. Sie ist eine von ehemals 11 Eichen, die schon 1939 bei Georg von Arnswaldt erwähnt werden.

Standort:

Auf einer Wiese 400 m nördlich Burg Schlitz südlich Teterow.

Eiche am Forsthaus Grünenjäger

Kreis Lüneburg
Alter: 350–500 Jahre
Stammumfang (2006): 9,95 m

61

Der Schwerpunkt des Landkreises Lüneburg befindet sich eigentlich links der Elbe. Aber ein wenige Kilometer breites Band liegt rechtselbisch, genau zwischen den beiden Naturparks Elbufer Drawehn und Mecklenburgisches Elbetal. Hier führt von der kleinen Ortschaft Stapel aus ein schmaler Weg in nordöstlicher Richtung in den Wald hinein.

Wer hier entlangkommt, darf sich freuen. Denn dort, wo die Straßen schmäler werden, werden die Bäume bekanntlich dicker. Links und rechts des Weges bedeckt ein grünes Meer von Heidelbeerbüschen den sandigen Waldboden. Es sind die Ausläufer der Carrenziener Heide. Doch selbst im Erntemonat August könnte es schwerfallen, bei den süßen Blaubeeren zu verweilen. Denn im Waldesinnern lockt die lauschige Lichtung, auf der die Försterei errichtet ist. Sie besteht aus einem flachen, etwas größeren Haupthaus mit prangendem Hirschgeweih und einigen Nebengebäuden. Und natürlich ihrem denkwürdigen Wahrzeichen, der uralten Eiche.

Welch eine glückliche Eichel einst, welch glückliche Eiche jetzt! Der mächtige Solitär hat sich seinen Standort gut »ausgesucht«. Am liebsten möchte man hier Förster und Jäger zugleich sein, um sich für eine Zeitlang in der Nachbarschaft der traumhaften Eiche *(Quercus robur)* in herrlicher Waldesruhe einzuquartieren. Oder zumindest einmal im Leben am Grillplatz nebenan ein Grillfest im Grünen feiern. Die Mitteilung dieses fantastischen Baumes haben wir dem Natur- und Kulturfreund Georg Rompa aus Wernigerode zu verdanken, der ihn auf einer Radtour bemerkte. Andernfalls wäre die herrliche Lichtung wohl noch lange verborgen geblieben.

Standort:

Am Forsthaus Grünenjäger nordöstlich Stapel südöstlich Amt Neuhaus.

Ulme in Klotzow

Kreis Ostvorpommern
Alter: 300–420 Jahre
Stammumfang (2005): 8,45 m

62

Die Insel Usedom ist bekannt für ihre herrlich weißen Strände. Doch auch im »Hinterland«, nahe dem Peenestrom und dem Achterwasser, sind einige Perlen der Natur verborgen. Dort, wo sich die Landzunge zur Insel erweitert, nahe der Stadt Usedom selbst, gibt es zum Beispiel die landschaftsprägende Sockeleiche bei Suckow. Und natürlich die hier vorgestellte greisenhafte Ulme in Klotzow, einem kleinen Dörfchen, das sich völlig unverbaut in die natürliche Landschaft jenseits des Peenestromes einbettet.

An einer markanten Stelle, wo die »Hauptstraße« des Dorfes einen Feldweg kreuzt, hat sich die Festland-Ulme im Boden verankert. Ihr Stamm ist reich an Klüften und bedrohlich zur Seite geneigt. Ein Eisenband soll das Stammholz zusammenhalten. Welch ein Kontrast, wenn ein kleines Menschenkind vor dem greisen Baumriesen Platz nimmt! Im Bild sitzt der 1-jährige Aaron, Sohn von Stefan Kühn, vor der dunklen Stammhöhlung und strahlt herüber zu seiner Mutter. Auch die alte Ulme ist längst eine Mutterpflanze, ihre Nachkommen stehen verstreut in der Nähe. Ein Exemplar leistet ihr an der Kreuzung Gesellschaft. Eine Jungulme mit breiter, schön geschwungener Krone, steht abseits frei auf einer Wiese. Ein anderes, bereits sehr stattliches Exemplar mit gut 6 m Stammumfang findet man weiter hinten am Hauptweg. Für Ulmenfreunde ist Klotzow also ein traumhafter Platz.

Standort:

In Klotzow am Peenestrom, gegenüber der Insel Usedom.

Vom Havelland zur Niederlausitz

Malerkiefer bei Storkow

Kreis Oder-Spree
Alter: 200–350 Jahre
Stammumfang (2001): 4,58 m

63

Die kuriose Kiefer *(Pinus sylvestris)* bei Storkow bietet ein stimmungsvolles Motiv für Maler und Fotografen, was ihr den Namen verliehen hat. Ihr Wuchs ist urig, von der Wurzel bis zum Wipfel. Die Kiefer, auch Föhre genannt, gilt unter den Waldbäumen als Königin der trockenen, mageren Standorte. Die Malerkiefer hat sich auf einer flachen, sandigen Erhebung an der Waldkante etabliert. Starke Wurzelanläufe, die in einen kurzen, gedrungenen Erdstamm übergehen, sorgen für festen Stand. In Brusthöhe gehen 4 rötlich schimmernde Starkäste ab, die sich schließlich zu einer breitgefächerten, lichtdurchfluteten Schirmkrone entfalten – besonders bei Sonnenschein ein berauschender Anblick.

Standort:

In Storkow hinter dem Sportplatz Karlslust dem Feldweg nach Südwesten folgen. Die Kiefer steht an einer Waldecke 200 m südwestlich der letzten Häuser.

Dicke Eiche bei Krügersdorf

Kreis Oder-Spree
Alter: 350–510 Jahre
Stammumfang (1991): 10,15 m

64

Nahe Beeskow, wo die Spree sich langsam zum Schwielochsee ausweitet, findet der Bauminteressierte die spektakulärste Ansammlung alter Stieleichen *(Quercus robur)* in Brandenburg: Eine Gruppe alter Eichen flankiert die schmale Bundesstraße bei Krügersdorf. Die auffallend geformte Bouquét-Eiche misst 8,40 m Stammumfang. 3 weitere Allee-Eichen haben Umfänge über 6 m. Auch innerorts gibt es weitere Eichen dieser Größenordnung.
Den Höhepunkt des Alteichenbestands bildet natürlich die »Dicke Eiche«, deren tonnenförmiger Stamm erst nach 10 m umrundet ist. Im Bild aus dem Jahr 1991 stehen die Brüder Stefan Kühn (links) und Uwe Kühn am Fuß der Eiche.

Standort:
Westlich Krügersdorf östlich Beeskow in einer Kastanienallee, die von der B 246 nach Norden abzweigt.

Schwedenlinde in Brielow

Kreis Potsdam-Mittelmark
Alter: 400–470 Jahre
Stammumfang (2001): 11,65 m

65

Brielow im Havelland nennt ein geschichtsträchtiges Baum-Naturdenkmal sein eigen. Es ist die Schwedenlinde, eine in Kronenvolumen und Stammdimensionen grandiose Sommerlinde *(Tilia platyphyllos)*. Im Dreißigjährigen Krieg (1618–1648) fiel ein ranghoher schwedischer Offizier im Ort. Seine Braut, eine schwedische Gräfin, ließ ihn unter der »seltsam gewachsenen Linde« begraben, daher rührt der Name der Linde.
Seltsam ist der Baum auch dieser Tage anzusehen: zwiespältig, mit 2 bogenförmig auseinander geneigten Stammelementen. Seit 1882 kümmerten sich die Brielower Dorfschmiede um den Erhalt der Linde. Generation für Generation wurde eine neue zugstarke Kette geschmiedet, die beide Stammhälften zusammenzuhalten vermochte.

Standort:
Neben der Kirche in Brielow nördlich Brandenburg.

Schorfheidenkiefer bei Schloss Hubertusstock

Kreis Barnim
Alter: 300–350 Jahre
Stammumfang (2005): 5,21 m

66

Das Biosphärenreservat Schorfheide-Chorin verfügt über einen herrlichen Altbaumbestand. In der Eichheide dominieren alte Huteeichen. Insgesamt 3000 Bäume, teils über 250-jährig, bestimmen das Landschaftsbild. Daneben gibt es Moore und stille Gewässer. Am berühmtesten ist das Totalreservat Plagefenn, das nicht betreten werden darf. Der Begründer des wissenschaftlichen und amtlichen Naturschutzes, Hugo Conwentz, ließ die Fläche im Jahr 1907 unter Schutz stellen. Den Großteil des Reservats machen aber die Kiefernwälder aus, die sich auf dem sandigen Boden etabliert haben – die »Kienheide« (Kiefernheide).

Nahe des ehemaligen Jagdschlosses Hubertusstock steht die wohl »meist fotografierte Kiefer in der Schorfheide«. Nur mit Hilfe guter Karten oder in Begleitung des Revierförsters ist der Baum sicher zu orten, denn die Waldparzellen ähneln sich sehr. »Am Hubertusstock« stößt man auf die alten Prachtexemplare der Kiefer *(Pinus sylvestris)*, allen voran die dickste Föhre der Republik in der Abteilung 22, ein Baum »voller Schönheit und Größe«. Einer ihrer schrägen Seitenäste ist auf halber Höhe abgebrochen, unschlüssig hängt er zwischen Himmel und Erde. Die verbliebenen Äste reichen 22 m hoch und bilden einen lockeren Schirm.

Zur Zeit des Nationalsozialismus war die geschützte Schorfheide exklusives Jagdgebiet Hermann Görings. Ausländische Gäste empfing der »Staatsmann« gerne in seiner pompösen Villa »Carinhall« am Rand der Heide, benannt nach seiner verstorbenen Gattin. Die Politik verkümmerte unter dem Einfluss von Großmannssucht und rechter Ideologie, nicht minder der Naturschutz. Denn obwohl das – bis 1976 gültige – Reichsnaturschutzgesetzt von 1935 bei Naturschützern große Erwartungen geweckt hatte, entwickelte sich die Realität anders. Rückblickend urteilt der Forsthistoriker Heinrich Rubner darüber: »Während die Jagd im ‚Dritten Reich' ein Kernthema im Selbstverständnis maßgeblicher Führer war, geriet die Naturschutzbewegung zunehmend zu einem braven Dekorationsorgan, wohlorganisiert, aber letztlich entbehrlich.«

Standort:

In der Schorfheide westlich Schloss Hubertusstock, Am Hubertusstock, Abteilung 22.

Fürst-Pückler-Blutbuche am Schloss Muskau

Niederschlesischer Oberlausitz-Kreis
Alter (2007): 222 Jahre
Stammumfang (1998): 8,00 m

67

Der Landschaftspark von Bad Muskau zählt zu den schönsten in Europa. Der große Baumliebhaber Hermann Fürst Pückler, damals Standesherr in Muskau, erwarb ab 1815 Grundstücke diesseits und jenseits der Neiße, insgesamt 750 Hektar. Seinen Gärtnern gab der »Grüne Fürst« Anweisung, einen Park anzulegen, der »nur den Charakter der freyen Natur haben soll«. Ziel war eine »zusammengezogene, ideale vierte Natur«. Der heute polnische Parkteil östlich der Neiße mit seinen zahlreichen alten Eichen ist inzwischen verwildert. Rund um das altrosafarbene Schloss blieb der Parkcharakter gewahrt. Hier stehen exotische und heimische Baumarten in abwechslungsreichen Gruppierungen beisammen. Die auffallendste Erscheinung des Parks ist die Blutbuche *(Fagus sylvatica purpurea)* vor der südlichen Schlossrampe. Ihr purpurrotes Laub harmoniert mit der Farbe der Schlossfassade. Unter großem Aufwand wurde die Blutbuche 1825 als ausgewachsener 40-jähriger Baum am jetzigen Platz angepflanzt. Ihr Alter beläuft sich inzwischen also auf über 220 Jahre. Leider ist ein Teil der Krone inzwischen stark geschädigt.

Standort:

An der südlichen Rampe von Schloss Muskau, in Bad Muskau.

Platane in Oelzschau

Kreis Torgau-Oschatz
Alter: 180–300 Jahre
Stammumfang (2001): 8,90 m

68

Alles an der Platane in Oelzschau an der Elbe wirkt auf den staunenden Betrachter wuchtig und himmelstürmend. Ihre Dimensionen sind eindrucksvoll und überragend. Der Standort der Exotin ist ideal. Sie steht frei auf einer üppigen Wiese, direkt vor dem Südportal des alten Gutshofes. Was ist schöner, steinerne oder biologische Architektur? Fast tritt das klassizistische Herrenhaus gegenüber dem biologischen Bauwerk in den Hintergrund. Der Kronendurchmesser der Platane beträgt 37 m und die höchsten Wipfel reichen über 40 m hinauf. In Sachen Kronenvolumen nimmt die Platane damit einen der Spitzenplätze in Deutschland ein.

Dasselbe gilt für die Wuchsleistung. Innerhalb von weniger als 200 Jahren soll der Baum angeblich seinen aktuellen Umfang von fast 9 m erreicht haben. Das entspräche rund 4,5 cm Umfangszuwachs pro Jahr.
Die Platane (*Platanus* spec.) zeigt die typische Schuppenborke. Dort, wo Borke ganz oder teilweise abgeblättert ist, bleibt ein glattes, braun- und cremefarbenes Rindenmosaik zurück. Aufgrund dieses attraktiven Stammes und der dekorativen runden Früchte erlangte die Platane rasch große Beliebtheit als Park- und Alleebaum.

Standort:
Vor dem alten Gutshaus in Oelzschau südöstlich Torgau.

Schlossrobinie in Strehla

Kreis Riesa-Großenhain
Alter: 200–325 Jahre
Stammumfang (2001): 6,48 m

69

Der Franzose Jean Robin führte die Robinie 1601 in Frankreich ein. Von dort verbreitete sich die Baumart rasch in ganz Europa, denn dank ihrer großen weißen, angenehm duftenden Blütentrauben wurde die Robinie als Parkbaum immer beliebter. Später nutzte man Robinien auch zur Bepflanzung von Rohböden, zum Beispiel an Böschungen von Bahnlinien. Die Robinie, auch Scheinakazie genannt, zählt zu den Schmetterlingsblütlern und kann in ihren Wurzelknöllchen Stickstoff aus der Luft binden.

Eine knorrige Robinie *(Robinia pseudoacacia)* beherrscht den Vorhof des Schlosses in Strehla an der Elbe. Der Stamm sieht so aus, als habe jemand Lesholz zusammengestellt. Rindenlose Partien und Partien mit faseriger Borke stehen unvermittelt nebeneinander und bilden gemeinsam den stark geneigten Erdstamm. Das Haupt der Scheinakazie ist zerzaust, doch nach wie vor 20 m weit ausladend. Gemeinsam mit einigen anderen Exemplaren ihrer Art sorgt der alte Baum für die richtige Schlossatmosphäre. Die Bauten im Renaissancestil und die alten Gehölze harmonieren gut.

Standort:

Im Vorhof des Schlosses Strehla in Strehla an der Elbe.

Dicke Eiche bei Niedergurig

Kreis Bautzen
Alter: 350–450 Jahre
Stammumfang (2004): 8,98 m

70

Einen günstigeren Platz kann sich eine Eiche kaum wünschen. Die dicke Stieleiche *(Quercus robur)* steht am Ufer des Großen Weihers bei Niedergurig, ruhig und ungestört. Ihre Wurzeln sind das ganze Jahr über reichlich mit Wasser versorgt. Das hat sicherlich zum kraftvollen Erscheinungsbild der Eiche beigetragen. Sie unterhält eine ansehnliche Kugelkrone mit weit reichenden, zuletzt filigran verzweigten Ästen.

Standort:

Am Ufer des Großen Weihers bei Niedergurig nordöstlich Bautzen.

Hufeisenulme in Daubitz

Niederschlesischer Oberlausitz-Kreis
Alter: 250–360 Jahre
Stammumfang (1998): 7,27 m

71

Im Innenhof eines alten Bauernguts, umrahmt von Herrenhaus, Stall und Gesindehaus, steht diese Flatterulme *(Ulmus laevis)* angenehm geschützt. Ihre Anwesenheit verleiht dem Grundstück eine besondere Atmosphäre.
Woher der Name der Hufeisenulme kommt, ist ungewiss. Möglicherweise rührt er vom hufeisenförmig geöffneten Stamm oder von den umringenden Gebäuden her. Vielleicht hat der Baum den Bewohnern des Bauernhofs auch einfach nur Glück gebracht?

Standort:

Am Gutshof in Daubitz südöstlich Weißwasser.

Friedhofslinde in Collm

Kreis Torgau-Oschatz
Alter: 400–475 Jahre
Stammumfang (1998): 10,48 m

72

Am südöstlichen Fuß des 312 m hohen, kegelförmigen Collmberges stoßen wir auf dem Friedhof des gleichlautenden Dörfchens Collm auf eine urige, bogenförmig gewachsene Sommerlinde *(Tilia platyphyllos)*. Eine Tafel informiert darüber, dass schon im 12. Jahrhundert die Markgrafen zu Meißen hier ihre »Landdinge«, ihre höchste Gerichtsversammlung, abgehalten haben sollen.
Seit Anfang des 20. Jahrhunderts bemüht man sich um den Erhalt des wunderbar verwegenen Baumes. In den Jahren 1926, 1953 und 1992 wurden Sanierungen gemäß den damaligen Kenntnissen durchgeführt. Eine Ausfüllung des hohlen Stammes mit Bruchsteinen und Beton aus dem Jahr 1953 bekam dem Baum – aus den heute bekannten Gründen – nicht und wurde später wieder rückgängig gemacht.
Heute macht die Linde einen frischen Eindruck. Wir können zuversichtlich sein, dass der Lebenswille dieser bedeutenden Linde auch im neuen Jahrhundert nicht erlöschen wird.

Standort:

Auf dem Friedhof in Collm westlich Oschatz.

Alte Ulme in Ladeburg

Kreis Barnim
Alter: 300–410 Jahre
Stammumfang (2001): 8,19 m

73

Wir benötigten 2 Anläufe, um die alte Ladeburger Ulme zu entdecken. Ihr Stamm, nur wenige Meter neben der Straße, ist aufgrund feiner Neuausschläge gut getarnt. Sie steht in einem Hühnerpferch, ihre unregelmäßige Krone ist viel breiter als hoch.

Wie das Hamburger Ulmen Büro herausgefunden hat, sind die berühmtesten Ulmen Deutschlands Flatterulmen. Neben den Ulmen von Gülitz und Klocksin hat sich auch die Ladeburger Ulme als Flatterulme *(Ulmus laevis)* herausgestellt (Foto unten).

Standort:

Innerorts von Ladeburg nördlich Bernau auf einem Privatgrundstück in der Rüdnitzer Straße.

Tausendjährige Eiche in Bärenklau

Kreis Spree-Neiße
Alter: 350–425 Jahre
Stammumfang (2004): 8,52 m

74

Ausgemauert ist die »Tausendjährige Eiche« in Bärenklau, ausgebrannt und vom Blitzschlag verunstaltet. Und doch blieb ihr Lebenswille ungebrochen. Eine Gedichttafel am Stamm trägt die Eiche wie eine Tapferkeitsmedaille um die Brust: »Ich steh nun über tausend Jahr, / sah manch' Geschlecht erstehen , / sah manchen Greis im Silberhaar, / den ich als Kind gesehen. / Den Rittersmann im Eisenkleid / mein Schatten schon erquickte, / sah Kriegesleid, sah Siegesfreud / und was der Herr sonst schickte. / Doch mich die Zeit jetzt auch zernagt, / die, die mich hat erzogen, / der stets zu trotzen ich gewagt, / hat's Mark mir ausgesogen. / Bald ist's nun auch um mich geschehen, / gewährt drum, was ich flehe: / Laßt eins von meinen Kindern stehn, / wo ich Jahrtausend stehe!«

Standort:

In der Heimstraße 6 in Bärenklau westlich Guben.

Pyramideneiche in Dammendorf

Saalkreis
Alter: um 200 Jahre
Stammumfang (2006): 5,73 m

75

Wo immer in Mitteleuropa heute eine Pyramideneiche steht, so die Hypothese des bekannten Botanikers Robert Caspary, stammt sie von der »Schönen Eiche« bei Harreshausen in Hessen ab. Sie soll die Urmutter aller säulenförmig gewach senen Eichen *(Quercus robur fastigiata)* sein. Was dabei inzwischen für kraftvolle Exemplare herausgekommen sind, kann an der Pyramideneiche in Schwerz-Dammendorf abgelesen werden. Die Nachkommen wachsen scheinbar schneller als die Mutterpflanze selbst.

Doch zunächst zur Mutter: Die »Schöne Eiche« von Harreshausen zog bald nach ihrer Entdeckung als so genannter Wunderbaum die gebündelte Aufmerksamkeit weiter Fachkreise und Naturfreunde auf sich. Die älteste erhaltene Zeichnung der Pyramideneiche stammt aus dem Jahr 1766. »Schön, gerade, von einem luftigen Wuchs, und in Proportionen von Stamm und Aesten, die ihr der Maler in einem Ideal nicht besser hätte geben können, steht sie da – die zierliche Eiche, und ragt mit ihrer kegelförmigen Spitze über die andern niedrigern Bäume, ihre Nachbarn, wie Calypso über ihre Nymphen hervor«, so heißt es schwärmerisch in einem zeitgenössischen Zeitungsbericht. Die schlanke Eiche ist zu dieser Zeit rund 100 Fuß (ca. 30 m) hoch, wobei der Schaft 40 Fuß und die Krone 60 Fuß ausmachen. Diesem Schönheitsideal wollte man auch andernorts Geltung verschaffen. Immer wieder wurden Reiser gewonnen, sodass sich die Kinder und Kindeskinder der berühmten Eiche heute nicht mehr zählen lassen. Obwohl die »Schöne Eiche« sich bis in unsere Tage erhalten hat, ist sie im Zeitlupentempo nur auf bescheidene 4,21 m Stammumfang angewachsen. Ihr nachgewiesenes Alter beträgt dabei unglaubliche 565 Jahre. Die deutlich kräftigere Pyramideneiche in Schwerz-Dammendorf muss einem ihrer frühen Reiser entsprossen sein. Sie ist ungefähr 200 Jahre alt.

Standort:

Im geschützten Park in Schwerz-Dammendorf nordöstlich Halle (Saale).

Ginkgo auf Schloss Goseck

Kreis Weißenfels
Alter: 180–200 Jahre
Stammumfang (2006): 3,94 m

76

Im Jahr 1690 entdeckte der deutsche Botaniker und Arzt Engelbert Kaempfer im japanischen Nagasaki eine Baumart wieder, die als ausgestorben galt: den Ginkgo oder Fächerblattbaum *(Ginkgo biloba)*. Es dauerte einige Jahrzehnte, bis Abkömmlinge des quicklebendigen »Fossils« nach Europa kamen, doch 1761 gelangte die erste Pflanze auch nach Deutschland, und zwar nach Saarbrücken. Noch einmal 40 Jahre später begann die Blütezeit dieser Baumart in Deutschland. In zahlreichen Arboreten und Parks wurden Ginkgos bevorzugt angepflanzt, sie waren die Modebäume des beginnenden 19. Jahrhunderts.

Auch das Exemplar auf Schloss Goseck gehört in diese Periode. Graf Zech soll den Baum etwa um 1800 ins Herz der Schlossanlage gesetzt haben, wo er allseitig von den historischen Gemäuern umrahmt wird. Seine Einstämmigkeit und die sehr eindringliche Kronenarchitektur machen ihn zum vielleicht schönsten seiner Art im Land. Doch es gibt auch namhafte Konkurrenz: Zum Beispiel den herrlichen Ginkgo im Gutshof von Piesdorf, Sachsen-Anhalt, den wir in unserm Bildband »Bäume, die Geschichten erzählen« porträtiert haben. Oder den ebenfalls sehr stattlichen Ginkgo in Sittichenbach, Thüringen. Doch hier wie dort fallen die Stämme jeweils mehrkernig aus und besitzen dadurch etwas weniger Geschlossenheit.

Schloss Goseck bietet sicher das ideale »Ambiente« für den Schönling der Botanik. Urkundlich wurde Goseck im Jahr 893 als Grenzburg erwähnt, die zur Verteidigung der fränkischen Grenze gegen die Slawen östlich der Saale diente. Im 11. Jahrhundert wurde die inzwischen funktionslos gewordene Burg zu einem Benediktinerkloster umgewandelt. Rodungen, Landkultivierung und sogar Weinanbau auf den Hangterrassen der Saale gingen nun von hier aus. Ab 1539 hatten die Pfalzgrafen von Sachsen, die »Wettiner«, hier ihren Stammsitz, der 1615–1619 zum Schloss ausgebaut wurde.

Standort:
In der Mitte des Hofes von Schloss Goseck westlich Weißenfels.

Vom Harz zum Erzgebirge

Mallinde bei Niederdorla

Unstrut-Hainich-Kreis
Alter: 350–400 Jahre
Stammumfang (1995): 9,90 m

77

Die Mallinde bei Niederdorla, eine gewaltige Sommerlinde *(Tilia platyphyllos)* mit ausuferndem Blätterdach, steht nicht allein. Gemeinsam mit 2 kleinblättrigen Winterlinden bildet sie eine harmonische Baumgruppe, fast schon einen kleinen Lindenhain. Das Wort »Dreieinigkeit« kommt einem in den Sinn, wenn man die Baumgruppe auf sich wirken lässt. Der leicht erhöht liegende Platz an der Ostflanke des waldreichen Hainichs hat unheilige Wurzeln. In der Senke nebenan befindet sich das Opfermoor, eine im 6. Jahrhundert vor Christus begründete Kult- und Opferstätte. Als ein Erdfall das Moor wie durch ein Wunder in einen klaren See verwandelte, entwickelte es sich zum religiösen Zentrum der dort lebenden Germanenstämme. Bei Ausgrabungen stieß man auf eine Irminsul, einen 6 m hohen Baum- oder Totempfahl.

Rund 90 verschiedene Opferkulte, teils mit keltischen und römischen Einflüssen, konnten an diesem »Heiligen See« nachgewiesen werden. Noch im 11. Jahrhundert opferte die einheimische Bevölkerung an den alten Stätten, obgleich die Gegend offiziell längst als christianisiert galt.

Interessanterweise befindet sich der nach der Wiedervereinigung im Jahr 1989 eilends errechnete neue geografische Mittelpunkt Deutschlands ganz in der Nähe von Niederdorla. In einem Festakt zur Wiedervereinigung wurde dort, gewissermaßen im Herzen der Republik, eine junge Linde gepflanzt.

Standort:

Am Ortseingang von Niederdorla, neben der Landstraße nach Mühlhausen.

Königseiche in Volkenroda

Unstrut-Hainich-Kreis
Alter: 400–520 Jahre
Stammumfang (1995): 9,70 m

78

Die Eiche am Pfingstrasen von Volkenroda ist ein wahrer Gigant unter Deutschlands Stieleichen *(Quercus robur)*. Sie steht auf einer alten Hutefläche auf Keuper-Lehm in 290 m Meereshöhe. Im weiten Umkreis ist die Eiche als »Dicke Eiche« oder »Königseiche« bekannt.

Ihre Gestalt weist die für Stieleichen typischen Attribute auf: Der Stammfuß ist wulstig und breit, die Borke ist am Stamm tief gefurcht und steht brettartig hervor, und die Äste sind knorrig und verdreht. Das unübersehbar große Stammloch an ihrer Südseite verleiht der uralten Eiche eine würdevolle Ausstrahlung. Ein Eisengitter darin soll verhindern, dass im hohlen Innern des Baumes gezündelt wird, denn schon mancher schöne Baum ist Brandstiftern oder dem sorglosen Spiel von Kindern zum Opfer gefallen.

Die Entwicklung der Eiche ist sehr gut dokumentiert. Erstmalig im Jahr 1831 und danach in gewissen Abständen wurde ihr Stamm in 1,70 m Höhe vermessen. Die Tabelle zeigt den Stammumfang und den durchschnittlichen jährlichen Zuwachs in Mannshöhe.

Jahr der Messung	Umfang in cm	Zuwachs in cm pro Jahr
1831	690	– –
1841	699	0,9
1851	723	2,4
1881	787	2,1
1901	810	1,2
1921	840	1,5
1941	878	1,9
2001	950	1,2

Es wird deutlich, dass Bäume Höhen und Tiefen durchlaufen. Das gute Wachstum zwischen 1841 und 1851 widerlegt die pauschale Annahme, Eichen wüchsen stets sehr langsam. Andererseits gingen den 10 fetten Jahren auch 10 magere Jahre voraus. Wachstumsschübe bei Eichen kann man übrigens zum Teil damit erklären, dass bei ihnen in bestimmten Phasen nicht nur das eigentliche Kambium, sondern auch das Rindenkambium (Phellem) am Dickenwachstum beteiligt ist, wodurch die äußere Borke aufreißt.

Die Königseiche hat im Laufe ihres Lebens eine auffallende Stärke darin gezeigt, Astlöcher und Wunden mit frischer Rinde und Borke zu überwallen. Ein 63 cm großes Astloch, das im Jahr 1884 entstand, war nach 15 Jahren wieder komplett überwallt. Das mächtige Stammloch an ihrer Südseite wird

die Eiche aber vermutlich nicht mehr überwallen können. Es stammt vom einstigen Hauptast, der noch 1903 mit Schiffsankerketten, Ringen, Bolzen und Rundeisen von Schmiedemeister Gebert vom Nachbarort Körner gesichert wurde.

Der 16 m lange und im Umfang über 3,50 m messende Starkast, der horizontal auslud, war offensichtlich auf Dauer nicht zu halten. Auch wenn die Stieleiche heute beim Besucher den Eindruck einer »Tausendjährigen« hinterlässt, so wissen wir es besser. Die Messungen seit 1831 deuten auf ein Alter von etwa 500 Jahren hin.

Standort:

Am Ortsausgang von Volkenroda östlich Mühlhausen, an der Straße nach Obermehler.

Buche im Tierpark Hirschfeld

Kreis Zwickauer Land
Alter: 200–325 Jahre
Stammumfang (1998): 7,50 m

79

Im Tierpark Hirschfeld können Baumfreunde eine ungewöhnlich dickleibige Buche *(Fagus sylvatica)* besichtigen. Ihren Wurzelteller hat sie Halt suchend über den sandigen Boden ausgebreitet. Dem wuchtigen Erdstamm entspringen zahlreiche steil aufstrebende Achsen, die der 35 m hohen Rotbuche das Aussehen eines Riesenbesens verleihen.

Standort:

Am Ententeich im Tierpark von Hirschfeld westlich Kirchberg.

Stollenlinde in Goslar

Kreis Goslar
Alter: 300–430 Jahre
Stammumfang (2001): 9,61 m

80

Die Stollenlinde in Goslar, die sich auf einem kleinen Hügel im Wohngebiet »Am Stollen« erhebt, markiert einen Meilenstein in der Geschichte des Erzbergwerks Rammelsberg im Nordharz. Von beiden Enden her, vom Bergwerk selbst und vom »Breiten Tor« aus, war ein neuer Wasserlosungsstollen vorwärtsgetrieben worden. Am 25. September 1585 erfolgte der Durchbruch. Die Eröffnung dieses insgesamt 2,6 km langen »Tiefen Julius-Fortunatus-Stollens«, der bis zu 75 m unter der Talsohle verläuft, wurde mit der Pflanzung einer Sommerlinde *(Tilia platyphyllos)* an Ort und Stelle gebührend gefeiert.

Wenn es sich tatsächlich um die hier vorgestellte Linde handelt, so wäre sie heute rund 430 Jahre alt. Einige Skeptiker haben daran Zweifel.

Standort:

In der Straße »Am Stollen« in Goslar, auf Privatgrund.

Dicke Lärche bei Nüßleshof

Kreis Schmalkalden-Meiningen
Alter: 200–250 Jahre
Stammumfang (2001): 4,86 m

81

Die Lärche *(Larix decidua)* ist der einzige heimatliche Nadelbaum, der im Herbst seine Nadelblätter abwirft. In Europa befinden sich natürliche Lärchenvorkommen vor allem in den Alpen, den östlichen Sudeten und der Hohen Tatra, wo sie im Herbst einen großartigen goldenen Farbenzauber entfalten. Auch weite Teile Sibiriens werden von Lärchen geprägt. Dank ihres wertvollen, kontrastreich gemaserten Holzes haben Lärchen landesweit in unseren Forsten Einzug gehalten. Soweit die Luft sauber genug ist, können sich Lärchen so stattlich entwickeln wie die hier vorgestellte »Dicke Lärche« in der Schafsdelle bei Nüßleshof im Thüringer Wald. Gemeinsam mit einer wenige Schritte entfernt stehenden schmaleren Lärche bildet die »Dicke Lärche« ein ungleiches Baumpaar – im Umfang 4,86 m und 3,83 m stark. Die »Dicke Lärche« überragt ihre Nachbarin mit angeblich 48 m Wipfelhöhe um einige Meter.

Standort:

Am Gasthof Nüßleshof (nördlich Schmalkalden) dem Talweg nordwärts folgen, nach 400 m links (nordwestlich) hinter der gemauerten Furt dem Hohlweg weitere 500 m folgen.

Tausendjährige Linde in Kaditz

Stadtkreis Dresden
Alter: 400–580 Jahre
Stammumfang (1998): noch 9,55 m

82

Der Formenreichtum alter Bäume, besonders alter Linden, ist unübertroffen. Die Linde an der Kapelle in Kaditz, einem Vorort von Dresden, liefert ein plastisches Beispiel dafür. Im Jahr 1818 verkohlte ein Teil ihres Stammes, wonach die Linde im Innern Stück für Stück zerfiel. Eine angebrachte Stütze wurde morsch und brach samt einem Starkast zusammen. An der Bruchstelle brachte man ein Gitter an, um den Dorfbewohnern, »insbesondere der respektlosen Jugend« den Eingang in den Stamm zu verwehren.

1897 soll der Stammumfang immer noch 40 Fuß, umgerechnet etwa 12 m, betragen haben. Der Großherzogliche Oberförster E. Faber erwähnt das in einem Artikel mit der Überschrift »Unsere Baumriesen«.

Es wird auch erzählt, dass die Linde als Pranger für klatschsüchtige Weiber und andere Missetäter gedient habe. »Die böszüngigen Frauen saßen, den Hals im Eisen, an den Stamm gelehnt, während die Kirchenbesucher an ihnen zum Gottesdienst vorbeigingen. Doch ist darüber etwas Urkundliches nicht erhalten und wir können uns nur mit dem Wunsche trösten, dass es sich wirklich so verhalten haben möge!« So schreibt die Boulevardzeitung »Gartenlaube« in einer Ausgabe des Jahres 1890 und gewährt uns damit einen kleinen Einblick in die wilhelminische Gesellschaft.

Heute ist das Stamminnere der Linde vergangen. Die kirchenabgewandte Seite des Stammes ist »spurlos« verschwunden – verschwunden bis auf eine Winzigkeit: Eine Miniatur der Linde, ein etwa 20 x 100 cm großes Stammstück, ist wundersamerweise isoliert stehen geblieben und lässt unbekümmert eine Hand voll frisch belaubter Zweige sprießen – ein erheiternder Anblick.

Standort:
Vor der Kirche in Kaditz nordwestlich Dresden.

Tausendjährige Eiche in Berteroda

Wartburgkreis
Alter: 400–550 Jahre
Stammumfang (1995): 9,95 m

83

Thüringen kann mit 3 so genannten »1000-jährigen« Eichen aufwarten. Eine davon, ein wahres Ungetüm von einem Baum, wurzelt im Dörfchen Berteroda nördlich Eisenach. Der Stamm der Stieleiche *(Quercus robur)* ist klotzig und dick wie ein Turm. Allein die Krone ist angeschlagen. Viele Äste sind ausgebrochen, gekürzt oder beschädigt, und das Blätterdach ist zerzaust und lückenhaft.

Der Baum ist zum eigenen Schutz und zum Schutz der Besucher von einem Zaun umfriedet. Einen Starkast ließ man demonstrativ der Länge nach unter der Eiche liegen. Gut, dass bei seinem Absturz niemand zu Schaden kam, denkt man unwillkürlich und kommt damit der Wahrheit überraschend nahe. Als vor einigen Jahren das Dorf neue Wasserrohre bekam, feierte man am Abend nach der Fertigstellung ein rauschendes »Wasserfest« unter der Eiche. Tische und Stühle wurden aufgestellt und die Tafel gedeckt. Mulmig wurde es der Festgesellschaft erst im Nachhinein, denn anderntags brach der Ast und donnerte dort zu Boden, wo sich die Tafel befunden hatte. Nicht nur aufgrund dieser freundlichen Verzögerung, sondern aus alter Tradition heraus fühlen sich die Dorfbewohner der Eiche verbunden. Ein Schild am Stamm verkündet: »Du alte Eiche, hältst seit 1000 Jahren dem Dorf die Treu in Leid und Freud, Berteroda wird Dir Achtung wahren, in Liebe Fleiß und Einigkeit«.

Berteroda wurde als Besitzung des Klosters Hersfeld erstmals 948 urkundlich erwähnt. Zur 1050-Jahr-Feier wurde 1998 eine Holztafel mit einem zweiten Gedicht angebracht, das die im ersten Gedicht beschworene Einigkeit des Dorfes erschütterte: »Dem deutschen Mann bekannt als Bild der Kraft, Bin auch geweiht ich als Baum des Friedens. Drum blickt herauf des großen Deutschlands Kinder. Der Gott, der euch verlieh die Kraft zum Kampf, versagen wird er euch des Friedens Glück nicht minder«.

Bäume sind herzerfrischend unpolitisch. Sie reagieren weder auf drittklassige Dichtkunst noch auf konfuse Ideologien. Zumindest bis jetzt nicht. Denn wer weiß, ihr großen Kinder Deutschlands, was eine so alte und weise Dorfeiche im Schilde führt? Vielleicht arbeitet sie oberhalb der Tafel gerade an ihrem ersten gezielten Astbruch?

Standort:

In Berteroda nördlich Eisenach, nahe dem Dorfteich.

Tausendjährige Grabeiche in Nöbdenitz

Kreis Altenburger Land
Alter: 500–650 Jahre
Stammumfang (1990): 11,00 m

84

Die zerklüftete alte Eiche in Nöbdenitz birgt ein Geheimnis. In einer gemauerten Gruft in ihrem Wurzelraum, direkt unter dem hohlen Stammtorso, ruht der Leichnam des 1824 verstorbenen Rittergutbesitzers Hans Wilhelm von Thümmel (1744–1824), einem Minister des Herzogtums Altenburg. Die ungewöhnliche Begräbnisstätte hatte der Minister zuvor von der Pfarrgemeinde erworben.
Ein gravierender Einschnitt in der Biografie der Stieleiche *(Quercus robur)* hatte sich bereits 4 Jahre zuvor im Jahr 1820 ereignet. Bei einem Sturm war ihre Krone auf etwa 10 m Stammhöhe abgebrochen. Bis heute hat die Eiche dazu gebraucht, sich langsam aber sicher zu erholen und eine weiter unten entspringende Sekundärkrone aufzubauen. Die Spuren der Katastrophe sind aber auch nach mehr als 180 Jahren noch fast unverändert zu erkennen. Scharfkantig ragen die Bruchstellen zum Himmel und erinnern an bessere Zeiten der Eiche. Ein Riss verläuft im Stammtorso von der Bruchstelle aus vertikal bis fast zum Boden. 3 breite Eisengurte, bestehend aus Ketten- und Bandgliedern, sollen das endgültige Auseinanderbrechen des Stammes verhindern, denn das wäre vermutlich das Todesurteil für die uralte Eiche.

Standort:

In der Ortsmitte von Nöbdenitz südwestlich Schmölln.

Große Linde in Schmorsdorf

Kreis Sächsische Schweiz
Alter: 350–440 Jahre
Stammumfang (1998): 11,00 m

85

Von Schmorsdorf aus kann man bei klarer Sicht nach Osten hin die Tafelberge des Elbsandsteingebirges erkennen. Die Ortsmitte wird seit vielen Jahrhunderten von der »Großen Linde« geprägt. Schon im Dreißigjährigen Krieg (1618–1648) soll die Sommerlinde *(Tilia platyphyllos)* aufgrund ihrer hervorragenden Größe und Form erwähnt worden sein. Eine Zeichnung aus dem Jahr 1892, veröffentlicht im Unterhaltungsmagazin »Gartenlaube«, zeigt die Linde mit ramponierter Krone und geöffnetem Stamm. 8 Jahre zuvor, im Jahr 1884, hatte sie unter einem Schadfeuer gelitten, bei dem das halbe Dorf zerstört wurde. Danach hatte ein Orkan »von den sieben Kielen die drei am schwersten mitgenommenen abgerissen«.

Der Zustand der Linde vor 110 Jahren. Aus »Gartenlaube«, 1892.

Auffallend ist heute, dass die Innenwände der Stammhöhlung mit neuer Rinde überwallt werden konnten – eine Fähigkeit, die nur Linden besitzen. Bemerkenswert ist aber vor allem, dass die Krone der Linde nach über 100 Jahren wieder eine harmonische Kugelform zurückgewonnen hat, sodass aus der Distanz viel Ähnlichkeit mit der Linde von Leipheim an der Donau besteht.

Bei der Sanierung der »Großen Linde« beließ man vor einigen Jahren einen abgestorbenen Ast im oberen Kronenbereich am Baum, denn in der Asthöhlung brüteten Käuzchen.

Standort:

In der Ortsmitte von Schmorsdorf südwestlich Heidenau.

Utteröder Koloss bei Rehungen

Kreis Nordhausen
Alter: 350–480 Jahre
Stammumfang (2001): 9,72 m 86

Dank ihres biegsamen Holzes und ihrer sprichwörtlichen Wuchsfreude und Vitalität haben Linden unter allen Bäumen die schöpferische Gestaltungskraft des Menschen von je her am meisten beflügelt. Die Linde im Rittergut Utterode bildet da keine Ausnahme. Sie wurde sehr wahrscheinlich als junger Baum zur Tanzlinde geformt, was ihr noch Jahrhunderte später anzusehen ist.

Standort:
Auf dem Rittergut Utterode nördlich Rehungen, auf Privatgrund.

Grenzahorn im Düsteren Tal

Kreis Goslar
Alter: 200–280 Jahre
Stammumfang (2001): 5,60 m 87

Der Bergahorn *(Acer pseudoplatanus)* im Düsteren Tal bei Oker im Nordharz trägt seinen Artnamen zu Recht. Knorrig und gebogen wächst der ehemalige Grenzbaum oberhalb des Okertals in über 500 m Höhe. Im Düsteren Tal ist Sonnenschein ein Fremdwort. Es ist tief eingeschnitten und weist nach Norden. Sonnenstrahlen verirren sich nur selten in die oberen Kronenbereiche des Ahorns, sein Stammfuß liegt stets im Schatten. Wasser gibt es dafür im Überfluss. Nebenan fließt ein Bergbach.

Standort:
Vom »Waldhaus« aus 2 km südwestlich am Ende des Düsteren Tales, 4 km südlich Oker.

Dicke Birke bei Schleusingen

Kreis Hildburghausen
Alter: 100–120 Jahre
Stammumfang (2003): 3,09 m

88

Am Ortsrand von Schleusingen, an der Südkante des Thüringer Waldes, führt die Kohlbergstraße hinauf ins freie Feld. Früher war hier ein viel genutzter Weg, der zum beliebten Ausflugslokal »Waldhaus« führte. Am 9. November 1898 fand die Eröffnungsfeier der Gaststätte mit Hotelbetrieb statt. Man nimmt an, dass zu dieser Zeit auch die hübsche Birkenallee beiderseits des erweiterten Fahrweges angelegt wurde. Zu der stückweise bis heute erhalten gebliebenen Allee gehört die heute dickste Sandbirke (*Betula pendula)* unseres Landes. Nachdem es lange leer stand, ist vor kurzem auch das gute alte »Waldhaus« wiedereröffnet worden. Nostalgische Ausflügler können sich, so wie im Bild, mit der Kutsche dorthin fahren lassen und dabei die alte Allee genießen.

Standort:

In Verlängerung der Kohlbergstraße in Schleusingen südöstlich Suhl.

Eiche in Groß Schneen

Kreis Göttingen
Alter: 280–300 Jahre
Stammumfang (1994): 7,85 m

89

Was an der Stieleiche *(Quercus robur)* in Groß Schneen sofort auffällt, ist ihr prall gewölbter Stamm – ein exemplarischer Ausdruck der den Eichen innewohnenden Kraft. Die voll vitale Eiche soll der Überlieferung nach eine 600-jährige Gerichtseiche sein. Bohrungen an Stamm und Starkast ergaben im Jahr 2004 ein wesentlich niedrigeres Alter.

Standort:

Neben dem Sportplatz in Groß Schneen nördlich Friedland.

Schlosslinde in Augustusburg

Kreis Freiberg
Alter: um 600 Jahre
Stammumfang (1990): 7,50 m

90

In den »Aufzeichnungen des Schlesischen Forstvereins« vom Jahr 1859 wird über die Linde im Schloss Augustusburg berichtet. Übertragen ins Hochdeutsche heißt es dort: »Erwähnenswert ist auch noch die große Linde vor dem Schloss Augustusburg, deren Stamm 22 Fuß (6,50 m) Umfang hat und deren Äste von steinernen und hölzernen Säulen getragen werden. Zur Zeit des Kurfürsten August, welcher das Schloss von 1568–1572 erbauen ließ, wurden viele Verordnungen mit der Bemerkung unterzeichnet: 'Gegeben unter der Linde'. Sie soll zwar nach Schriften erst 1421 unter Friedrich dem Streitbaren gepflanzt worden sein, aber man weiß, dass ihr Stamm 1549, als man zuerst einen Rost für ihre Erhaltung anlegte, schon 8 Ellen (4,50 m) Umfang hielt. Sie könnte damals also eventuell schon mehr als 128 Jahre alt gewesen sein. Später spaltete sich der Stamm, weshalb man ihm 1669 zur Sicherung einen kupfernen Deckel gab. Die Kluft wird jedoch immer weiter, und jetzt hält der Stamm an seiner schwächsten Stelle 9 Fuß (2,80 m) Durchmesser. Den ungeheuer ausgebreiteten Ästen, in deren Schatten einst 120 Speisetische gestanden haben, gab man 1644 ihren heutigen Rost, dessen 110 eichene Balken ursprünglich 68 steinerne Säulen stützten, wovon jedoch wohl kaum die Hälfte mehr stehen, nachdem viele der ältesten Äste abgestorben sind.« Ein Wirbelsturm sorgte im Mai 1891 dafür, dass weitere steinerne Säulen sowie einige starke Hauptäste abbrachen.

Die alte Sommerlinde *(Tilia platyphyllos)*, inzwischen saniert und mit einem neuen hölzernen Schutzdach versehen, befindet sich in der Nordostecke der reizvollen Schlossanlage, die im letzten Jahrzehnt aufwendig renoviert wurde. Bei der Linde finden regelmäßig Vorführungen des Adler- und Jagdfalkenhofs statt. Die eindrucksvollen Greife landen nach vollführten Flug- und Jagdmanövern auf 4 kegelförmigen Podesten im Schatten des Baumes. Wenn man den historischen Aufzeichnungen glauben darf, ist die Schlosslinde inzwischen mindestens über 580 Jahre alt, eventuell sogar noch wesentlich älter.

Die Äste der Schlosslinde ruhten seit 1549 auf einem Rost mit Holz- und Steinsäulen. Aus »Gartenlaube«, 1899.

Standort:

In der Nordostecke von Schloss Augustusburg in Augustusburg.

Spitzahorn in Beulbar

Saale-Holzland-Kreis
Alter: 150–200 Jahre
Stammumfang (2006): 5,03 m

91

Spitzahorne *(Acer platanoides)* erreichen nicht dieselben Dimensionen wie die verwandten Bergahorne. Ihre Gefährdung durch Windbruch und Pilzbefall scheint artspezifisch größer zu sein. Auch der Spitzahorn »Auf der Kapelle« am Ortsrand von Beulbar hat solches durchlebt, jedoch standgehalten. Der Eigentümer, Schmiedemeister Otto Simon, erinnert sich noch, wie vor gut 15 Jahren eine gewaltige Windböe die gesamte Krone erfasste und die starken Äste mit gewaltiger Kraft erst hoch- und dann wieder herunterdrückte. Im oberen Drittel brachen einige Äste ab, wodurch der einst vollkommene Kronenaufbau seine erste Beeinträchtigung erfuhr.
Schön ist der Baum aber immer noch. Er erhebt sich anmutig auf einer kleinen Anhöhe, dort, wo vor Jahrhunderten einmal ein Wehrturm mit angebauter Kapelle stand. Das ganze Areal steht unter Denkmalschutz. Vor Jahren, berichtete uns der Schmiedemeister, hat jemand die dicken Eisenzinken einer Egge als Leiter in den Ahornstamm gehämmert. Einige davon schauen noch immer mit ihrer stumpfen Seite aus der Rinde hervor. Ein ungewöhnlicher Baum mit seinen Wurzeln in alter Kulturgeschichte und den Zweigen in einer interessanten Familientradition.

Standort:

Auf der Kapelle am Ortsrand von Beulbar südwestlich Eisenberg. Auf Privatgrund.

Tausendjährige Eibe bei Schlottwitz

Kreis Sächsische Schweiz
Alter: 300–350 Jahre
Stammumfang (2006): 3,64 m

92

Das Eibenvorkommen oberhalb Schlottwitz im Müglitztal gilt als das größte in Sachsen. Über 100 Eiben verschiedener Altersstadien gedeihen hier. Den Höhepunkt bildet die so gennante Tausendjährige Eibe, ein monumentales Gewächs mit einem übergroßen Wurzelteller. Der Steilhang und das felsige Gelände haben es nötig gemacht, der Boden musste um jeden Preis festgehalten werden.

Der Baum steht direkt in einer interessanten geologischen Kontaktzone. Typisch für die Region und auch am Wuchsort der Eibe nachweisbar ist der Graue Gneis. Die markante Felsformation, die wie ein schräges Meer zum Baum hin fließt, besteht jedoch aus Rhyolit, einem magmatischen Gestein. Es stieg einst als saure und nährstoffarme Magma durch den Gneis auf und erstarrte sowohl unterirdisch als auch oberirdisch. Die Eibe profitiert von den Begleiterscheinungen dieser Kontaktzone, denn durch Felsenklüfte und Risse sickert Wasser bis zum Baum. Der Standort ist auch in Dürrezeiten noch feucht. Ihre Nährstoffe bezieht die Eibe aber wohl hauptsächlich aus der Verwitterung des Gneis-Gesteins.

Friedlich zieht das Müglitztal sich ins 905 m hohe Osterzgebirge hinauf, das zur Zeit der sächsischen Kurfürsten durch seine reichen Silber- und Zinnvorkommen berühmt wurde. Doch der Friede trügt. In den Jahren 1897, 1927, 1957 und zuletzt 2002 schwoll das Flüsschen unten im Tal zur katastrophalen Flut an. Im August 2002 fielen binnen kürzester Zeit 400 mm Regen. Häuser, Straßen und Eisenbahnen, ja sogar einige Menschenleben gingen dabei verloren.

Standort:

Im Naturschutzgebiet Müglitztal am Steilhang östlich oberhalb Schlottwitz. Der Baum ist ausgeschildert.

Vom Teutoburger Wald zum

Süntelbuche bei Gremsheim

Kreis Northeim
Alter: 250–400 Jahre
Stammumfang (2001): 5,91 m

93

Im freien Feld, fern der Dörfer, steht nahe dem Waldrand des Hebers eine verwunschene Buche. Aus der Distanz wirkte sie bis zum Sommer 2006 wie eine Halbkugel aus dunkelgrünem Laub. Wer näher herankam und neugierig unter das schummerige Laubdach spähte, der fühlte sich leicht in ein Märchenland versetzt. Der knorrige, gegabelte Stamm ging in Äste über, die korkenzieherartig in alle Himmelsrichtungen wuchsen. Und dennoch mündete das verschlungene Astwerk in einen ebenmäßigen Schirm aus Zweigen. Heute ist die vollkommene Schönheit dahin. Am 29. Juni 2006 brach bei völliger Windstille der Großteil der Krone über dem Hauptstamm ab.

Im Süntel, einem Bergrücken im Weserbergland, gab es einst viele der seltsam gewachsenen Buchen, die man botanisch auf *Fagus sylvatica suntalensis* getauft hat. Heute weiß man, dass der scheinbar orientierungslose Wuchs durch eine Knospenmutation verursacht wird. In vergangenen Jahrhunderten glaubte man dagegen, dass finstere Mächte ihre Finger im Spiel hätten. Viele der krummen, kaum nutzbaren Buchen im Süntel wurden als »Hexenholz« abgehackt und endeten als Brennholz. Eine der wenigen dort Verbliebenen, die Tillybuche bei Raden, brach in den 1990er-Jahren auseinander. Sie hatte bis dahin mit gut 5 m Stammumfang als dickste Süntelbuche Deutschlands gegolten.

Fast wäre die Gremsheimer Buche nun genauso zerbrochen. Zum Glück war zumindest ihr bizarrer Seitenast auf einem Metallgerüst abgelegt. Wenn ihre Zeit gekommen ist, so steht wenige Meter entfernt bereits eine kleine Nachkommin, die im Augenblick 2 m hoch ist und es auf »stolze« 79 cm Stammumfang bringt. Wie die alte Süntelbuche überhaupt hierher kam, ob sie als Steckling vom Süntel hierher verbracht wurde oder ob sie einer eigenwilligen Buchecker entsprang, das wird auf ewig ihr Geheimnis bleiben.

Standort:

Im freien Feld vor dem Waldrand des Hebers östlich Gremsheim, nördlich Bad Gandersheim.

Tausendjährige Linde zu Upstedt

Kreis Hildesheim
Alter: 500–570 Jahre
Stammumfang (1989): 13,55 m

94

Die Bürger von Upstedt, eine der ältesten Siedlungen im Ambergau westlich des Harzes, sind stolz auf ihre Linde. Sie haben ihr viele Namen gegeben: Sie wird »Tausendjährige Linde«, »Dicke Linde« oder auch »Tillylinde« genannt – Letzteres in Erinnerung an den Feldherrn der Katholischen Liga, Johann Tserclaes Graf von Tilly (1559–1632), der im benachbarten Lutter am Barenberge 1626 die Dänen besiegte. Die Linde taucht als Wahrzeichen der Upstedter im Gemeindewappen auf. Auch das Wappen der Familie Mahnkopf im ältesten Haus in Upstedt wird von der Linde geziert.

Der uralte Stumpf der Linde ist hohl und reich an Schlupflöchern und Durchbrüchen. Der stelzenartige Stammsockel enthält Teile aus blankem, totem Holz, das bei der Sanierung im Jahr 1958 freigelegt und geglättet wurde. Im Innern, so ist auf einer Informationstafel zu lesen, finden 5 Personen bequem Platz. Die Winterlinde *(Tilia cordata)* steht in der Ortsmitte auf dem »Tieplatz« und diente in ihrer langen Geschichte phasenweise als Gerichtsbaum, stets aber als Versammlungsort. In seinem Buch »Die Riesen der Pflanzenwelt« aus dem Jahr 1863 weiß der Naturkundler E. Mielck zu berichten: »Auf der Tiete zu Upstedt bei Bockenem steht eine seit Menschengedenken schon hohle Linde von 48 Fuß Umfang (15 m) über der Erde, von 31 Fuß Umfang (9,70 m) in Brusthöhe und 62 Fuß (19,40 m) Höhe«.

In den 1890er-Jahren kappte ein Blitzschlag den stärksten Ast der Linde. 1932 wäre es noch einmal fast um sie geschehen gewesen. Spielende Kinder hatten in ihr ein Feuer entfacht, das bald gefährliche Ausmaße annahm, aber glücklicherweise durch die Feuerwehr gelöscht werden konnte. Im Jahr 1935 wurde die Linde abgestützt, wozu ein mannsstarker, 13 m langer Eichenstamm als Pylon senkrecht ins Innere der Linde gestellt und 1,50 m tief in den Boden eingesenkt wurde. Die verbliebenen Starkäste wurden daran fest verankert. 1958 sanierte ein bekannter Baumchirurg die Winterlinde. Dabei wurde die angeschlagene Hauptkrone zurückgenommen und die Stütze wieder entfernt. Bei einem heftigen Sturm im Jahr 1973 verlor die Linde ihre letzten verbliebenen Starkäste. Viele glaubten nach diesem Unglück, der Baum sei endgültig verloren. Doch die Linde erholte sich und trieb schon im nächsten Jahr auf den Aststümpfen neu aus.

Heutzutage wird die Sekundärkrone durch dichte, schlanke Äste gebildet, die regelmäßig zurückgeschnitten werden, wenn die Kronenlast zu schwer wird. So ist die Krone seit unserem ersten Besuch im Jahr 1989 um gut 3 m in die Höhe geschossen und wird wohl in naher Zukunft wieder gestutzt werden – ein Eingriff, den die Hochbetagte scheinbar recht gut verkraftet.

Über den historischen Ursprung der Linde gibt es eine glaubwürdige Theorie. Das »Forstbotanische Merkbuch für die Provinz Hannover« von 1907 führt sie als Marienbaum auf. Lokalhistoriker bringen die Linde deshalb mit der Christianisierung der Einwohner von »Upstedi« im Jahr 850 in Verbindung. Zum Zeichen der Bekehrung pflanzten die Missionare auf Anraten des Bonifatius auf den alten religiösen Plätzen der Bevölkerung Linden an.

Um 1100 herum wird die Linde angeblich in einer Urkunde erwähnt. Die Upstedter Winterlinde könnte also eine der wenigen Linden Deutschlands sein, die auf eine mehr als 1000-jährige Lebensgeschichte zurückblicken können. Andererseits ist natürlich auch vorstellbar, dass die erste Marienlinde während des Mittelalters abstarb und gemäß altem Brauch durch eine junge Linde ersetzt wurde. Dann wäre die Upstedter Linde eine betagte Nachfolgerin mit einem Alter von weit über 500 Jahren.

Standort:

»Auf der Tie«, Ortsmitte von Upstedt nordwestlich Bockenem.

Burglinde in Homberg/Ohm

Vogelsbergkreis
Alter: 400–420 Jahre
Stammumfang (1999): 9,15 m

95

Was wäre eine Burg ohne ihre alte Burglinde? In Homberg an der Ohm ziert eine knorrige Winterlinde *(Tilia cordata)* den Burgzwinger neben dem Eingangstor. Bei unserem ersten Besuch im Jahr 1986 erkundeten wir den tiefen Spalt im Stamm der Linde, der spiralförmig ins Herz des Baumes führt. Im Inneren war es stockfinster, nur vom oberen Ende des hohlen Stammes her schimmerte Licht herein, gedämpft durch das Grün der Blätter.

Die Geschichte von Burg und Linde soll bis ins 12. oder 13. Jahrhundert zurückreichen. Der Burgberg selbst könnte schon früher befestigt und bewohnt gewesen sein. In seinem – für uns wegweisenden – Bildband »Alte liebenswerte Bäume in Hessen« beschreibt der damalige Landesforstmeister Hans Joachim Fröhlich die Geschichte der alten Burglinde. Demnach soll bereits auf einer Federzeichnung aus dem Jahr 1591 das Burgtor vom Laubwerk einer mächtigen mehr hundertjährigen Linde verdeckt sein. Sollte die Linde im ersten Bauabschnitt der Burg gepflanzt oder gesät worden sein, so müsste sie auf etwa 800 Jahre eingeschätzt werden. Im Jahr 1925 brach die Krone des Baumes bei einem Orkan zusammen. Der Lebenswille der Burglinde blieb ungebrochen. Eine neue, vollbelaubte Krone ist über der Bruchstelle entstanden.

Standort:

Im Zwinger vor der Burg in Homberg/Ohm. Auf Privatgrund.

Linde zu Bermoll

Lahn-Dill-Kreis
Alter: 380–400 Jahre
Stammumfang (2006): 9,40 m

96

Im waldreichen Hohenahr gibt es ein kleines Dorf, das seine Existenz im Mittelalter als Pferdeumspannplatz begann. Es liegt idyllisch in einer Bergmulde, woraus sich der Ortsname Bermoll entwickelte. Am Hang oberhalb der Bergmulde, nahe dem Dorfrand, hebt sich eine wohlgerundete, kuppelförmige Krone vom umgebenden Buschwerk ab: die sagenumwobene Linde zu Bermoll.

Bei der Glockenweihe im Jahr 1879 wurde die Wiese vor der damals schon uralten Winterlinde *(Tilia cordata)* eingeebnet. Seitdem wird der Platz für Festlichkeiten genutzt.

Ein verheerender Wirbelsturm am 1. August 1958 riss zahlreiche Äste aus der Krone, doch die Linde überstand das Unwetter mit lädierter Krone und zwei breiten Spalten im Stamm. Ihre Nordseite ist seitdem weit geöffnet. Ein schmaler Stammrest strebt dort nach oben und verbindet sich in 3 m Höhe mit dem Hauptstamm. Es grenzt an ein architektonisches Wunder, dass die schöne Linde heute noch steht.

Standort:

Oberhalb von Bermoll nördlich Wetzlar, am Ortsausgang in Richtung Großaltenstädten.

Weide in Kirchhain

Kreis Marburg-Biedenkopf
Alter: 150–200 Jahre
Stammumfang (2001): 7,73 m

97

Weiden sind typische Bäume der Weichholzaue. Auf Böden, durch die unterirdisch das Flusswasser zieht, aber auch in Brüchen und Sümpfen fühlt sich die Baumart am wohlsten.
Die Silberweide *(Salix alba)* in Kirchhain hat mit über 7 m Stammumfang für diese Baumart bereits Spitzenmaße erreicht. Die meisten Silberweiden, vielerorts auch als Kopfweiden gezogen, brechen aufgrund ihres instabilen und leicht faulenden Holzes noch vor ihrem 100. Lebensjahr in sich zusammen.

Standort:

Auf einem freien Platz am Ortsausgang von Kirchhain, neben der Straße in Richtung Amöneburg.

Friedhofslinde in Kathrinhagen

Kreis Schaumburg
Alter: 350–400 Jahre
Stammumfang (1999): 10,15 m

98

Während sich andere Linden jenseits der 10-m-Umfangmarke bereits im Zerfallsstadium befinden, überrascht die majestätische Friedhofslinde in Kathrinhagen am Südfuß der Bückeberge mit einem lebensfrohen Erscheinungsbild. Die alte Sommerlinde *(Tilia platyphyllos)* entfaltet sich lindentypisch in hoch-ovaler Form, die Belaubung ist üppig.

Standort:

Auf dem Friedhof in Kathrinhagen nordöstlich Rinteln.

Erle bei Schlitz

Vogelsbergkreis
Alter: 120–200 Jahre
Stammumfang (2000): 4,24 m

99

Schwarzerlen *(Alnus glutinosa)* ziehen sich oft wie Perlschnüre entlang unserer Bäche und Flüsse. Wir kennen sie kaum anders als mit dünnen, stangenartigen Stämmen und wenig höher als ein Busch. Umso überraschter ist man, wenn man die alte Erle nahe der Burgenstadt Schlitz im nördlichen Vogelsberg zu Gesicht bekommt. Sie besitzt alle Attribute eines stattlichen Baumes – ein »Erlkönig« unter seinesgleichen. Sie wächst »mit den Füßen im Wasser« an einem früher als Mühlbach genutzten Seitenarm der Schlitz. Ein mächtiger Ast brach Mitte der 1990er-Jahre ab und fiel in den Fluss. Die Abbruchstelle ist heute noch fast unverändert zu erkennen. Der fehlende Ast hinterließ eine unsymmetrische Krone (Foto rechts).

Standort:

Am Seitenarm der Schlitz, 400 m südwestlich der Burgenstadt Schlitz.

Hainbuche bei Schloss Söder

Kreis Hildesheim
Alter: 200–300 Jahre
Stammumfang (2001): 5,09 m

100

Von Schloss Söder aus führt eine alte Lindenallee durch freies Feld hinauf zum Wald. Dort am Waldrand, von der Morgensonne verwöhnt, reckt eine urige Hainbuche *(Carpinus betulus)* ihre Zweige zum Licht. Wie bei dieser Baumart üblich, fällt der Stamm beulig und – in der Sprache des Forstmannes – spannrückig aus. Im Kern scheint die »Weißbuche« hohl zu sein, einige Ritze und Spalten dringen bis nach außen. Eine Ameisenkolonie ließ sich im Sommer 2001 in den Stammhöhlungen häuslich nieder. Die abgerundet-pyramidale Krone der Hainbuche ist mit gut 20 m Höhe und Durchmesser viel raumgreifender ausgebildet als man es von jüngeren Artgenossinnen kennt, die oft nur buschähnlich wachsen. Gemeinsam mit einigen Starkeichen in der Nachbarschaft markiert die Hainbuche eine ehemalige Hutefläche (Foto links).

Standort:

Der Lindenallee bei Schloss Söder (nordwestlich Bockenem) 1 km nordwärts folgen, dann östlich davon (rechts) am Waldrand.

Tanzlinde in Himmelsberg

Kreis Marburg-Biedenkopf
Alter: 400–775 Jahre
Stammumfang (2000): 8,98 m

101

Die alte Linde in Himmelsberg, im südlichen Burgwald gelegen, ist den Dorfbewohnern sehr ans Herz gewachsen. Seit Generationen wird sie als Wahrzeichen und Mittelpunkt des Ortes empfunden und sorgsam gehütet. Bei Tanzvergnügungen saßen früher Musiker auf den 4 waagerecht abgelegten Ästen der Sommerlinde *(Tilia platyphyllos)*, getanzt wurde eine Etage tiefer. Die Glocken der angrenzenden St.-Nikolaus-Kirche wurden unterm Lindenbaum geweiht, und es heißt, das Holz der Linde sei auch für Schnitzereien in der Kirche verwendet worden. Lindenholz galt im Mittelalter als Heiligenholz: *»Lignum sacrum«*. Alltäglich trifft man sich hier gerne auf ein kleines »Schwätzchen«. Auch die Milchsammelstelle der Bauern war früher am Baum. Vom alten Schulhaus kamen natürlich auch die Kinder zum Spielen. Die jetzige Bürgermeisterin von Himmelsberg, Lioba Fabian, kann sich noch lebhaft daran erinnern, dass eine Ecke ihrer Schürze vom vielen Herumklettern in der Linde ständig abgerissen war, obwohl der Lehrer das Klettern ausdrücklich verboten hatte.

Im eben vergangenen Jahrhundert hat die Sommerlinde Glück gehabt. Außer einem Astbruch während eines Sommergewitters im Jahr 1946 und einem Astverlust im Jahr 1972 durch einen zu nah vorbeifahrenden Lastwagen, ist ihr nichts Schlimmes widerfahren. Heute ist sie eine gesunde und charaktervolle Erscheinung, dazu noch die dickste geleitete Linde Deutschlands.

Die »Deutsche Post« hat im August 2001 mit der Edition einer Briefmarkenserie »Naturdenkmäler« begonnen. Die erste Ausgabe zeigt die Himmelsberger Tanzlinde. Auch für die biologische Kontinuität ist Vorsorge getroffen: Am anderen Ende des Ortes ist man dabei, eine junge Etagenlinde heranzuziehen.

Diese im August 2001 herausgegebene Briefmarke der »Deutschen Bundespost« zeigt die Himmelsberger Tanzlinde.

Standort:

Vor der Kirche in Himmelsberg nördlich Kirchhain.

Tausendjährige Eiche bei Borlinghausen

Kreis Höxter
Alter: 350–560 Jahre
Stammumfang (1990): 12,20 m

102

Im südlichen Teutoburger Wald am Rand des Eggegebirges stößt der Baumfreund auf einen Zeugen längst vergangener Zeiten, eine knorrige Stieleiche *(Quercus robur)*, die in der Gegend als »Rieseneiche« und »Tausendjährige Eiche« bezeichnet wird. Der gigantische Stamm ist bis zum Boden gespalten und ausgehöhlt, vorgegeben durch die beiden gezwieselten Hauptäste. Wie durch eine geheime Pforte blickt man in die dunkle und vermorschte Öffnung des Riesen. Es sieht fast so aus, als seien 2 Brüdereichen miteinander verschmolzen, doch dem Habitus nach scheint es sich tatsächlich um einen einzigen Baum zu handeln.

Die beulige, ergraute Borke verrät ein hohes Alter. Sie wirkt wie lebender Fels, ähnlich eindrucksvoll wie die wuchtigen Externsteine im Teutoburger Wald, Teil jenes finsteren »Herzynischen Waldes«, in dem zur Zeitenwende der Germanenstamm der Cherusker unter Arminius die Römer besiegte. Zu dieser Zeit wäre eine solche Eiche bestimmt von der einheimischen Bevölkerung als Baumheiligtum verehrt worden.

Aus dem »Eggegebirgsboten« des Jahres 1905 erfahren wir, dass die prächtige Eiche damals noch lückenlos grünte und einen Kronenumfang von 69 m erreichte. Inzwischen hat der früher frei stehende Eichbaum einige Äste eingebüßt und seine Krone merklich verkleinert. Der Stammumfang hat im vergangenen 20. Jahrhundert von 10,50 m auf heute 12,20 m zugenommen, allerdings bei weiter auseinander geneigten Stammhälften. Der im Bild rechts zu sehende Stammteil ist inzwischen sehr instabil geworden und droht sich zur Seite wegzudrehen – mit unabsehbaren Folgen für die Eiche.

Standort:

Der Straße von Borlinghausen (südlich Willebadessen) nach Löwen folgen. Nach 400 m weist ein Schild »Zur 1000-jährigen Eiche« in einen Seitenweg nach Norden.

Hammundeseiche bei Friedewald

Kreis Hersfeld-Rotenburg
Alter: 350–440 Jahre
Stammumfang (2001): 8,77 m

103

Immer, wenn wir vor der unverwechselbar monumentalen Hammundeseiche stehen, werden nostalgische Erinnerungen wach. Nahe unserer Heimat, dem Vogelsberg, begann hier im Jahr 1985 die Arbeit des »Deutschen Baumarchivs«, das sich seitdem auf der Suche nach den schönsten und ältesten Bäumen unseres Landes befindet. Die uralte Eiche markiert den ehemaligen Ortskern des 20 Höfe umfassenden Dorfes Hammundeseiche im Seulingswald, das Anfang des 10. Jahrhunderts vom Abt von Hersfeld begründet und im Jahr 1312 wieder als verlassen gemeldet wurde. Die Fundamente der 1141 geweihten Dorfkirche, der rekonstruierte Dorfbrunnen und ein kleiner Weiher gleich neben der Eiche sind die einzigen noch sichtbaren Spuren der Siedlung.
Es heißt oft, der Ort sei nach der Eiche benannt worden, die folgerichtig über 1000 Jahre alt sein müsse. Wahrscheinlich verhält es sich aber genau anders herum. Um das Jahr 1905 war die Eiche nämlich noch als »Eiche am Nadelöhr« bekannt. Wenige 100 Meter entfernt befindet sich am alten Höhenweg ein enges steinernes Nadelöhr, durch das sich früher die vorbeiziehenden Kaufleute und Handwerker zwängen mussten. Erst im letzten Jahrhundert hat sich vielleicht jemand beim Anblick des dicken Eichbaums an die Wüstung Hammundeseiche erinnert und den Namen wieder auf den Baum übertragen, womit sich der Kreis schließt.

Standort:

Vom Nadelöhr an der Landstraße Friedewald – Hönebach aus dem Waldweg 650 m weit nach Südosten folgen.

Kirchlinde in Reelkirchen

Kreis Lippe
Alter: 350–680 Jahre
Stammumfang (1999): 7,92 m

104

Vor dem Jahr 1241 gehörten alle Ortschaften des Blomberger Beckens zum Großkirchspiel Reelkirchen, einer Urpfarrei des Weizengaus. Nach alter Überlieferung deutete die Kirchenlinde, gleichsam als Symbol des Zusammenhalts, mit 7 baumstarken waagerechten Ästen in die Richtung der »sieben Dörfer«, die heute Herrentrup, Höntrup, Istrup, Wellentrup, Tintrup, Maspe und Siebenhöfen heißen. Der Heimatforscher Hubertus Brennig hat zahlreiche Kurgäste vom nahegelegenen Bad Meinberg zur Linde geführt. Auch wenn die Kirchlinde gerne als »Tausendjährige« deklariert wird, nach seiner Meinung ist die 1000 eine »imaginäre Zahl«, die eigentlich die Ehrfurcht vor einem solchen Baum-Naturdenkmal zum Ausdruck bringen soll. An der Sommerlinde *(Tilia platyphyllos)* sind heute noch 3 starke Baumarme vorhanden.

Die siebenarmige Linde in den 1920er-Jahren. Zeichnung aus »Wanderfahrten durch Lippe«, Karl Meier-Lemgo, 1932.

Standort:
Vor der Kirche in Reelkirchen südwestlich Blomberg.

Gerichtseiche am Junkernkopf

Kreis Kassel
Alter: 350–550 Jahre
Stammumfang (1986): 8,60 m

105

Die Gerichtseiche am Junkernkopf nördlich von Holzhausen ist die älteste und urigste der Huteeichen im Reinhardswald. Sie steht versteckt auf einer quadratischen Fichtenwaldlichtung, umgeben von mannshohem Adlerfarn im Sommer. Weil der Boden sauer ist und weil er während jahrhundertelanger Hutepraxis durch Eichelmast und Laubsammeln noch zusätzlich an Nährstoffen verarmte, fällt ihr Wuchs auffallend knorrig und gedrungen aus. Stamm und Astwerk wirken wie gemeißelt, und die Krone ist mit rund 13 m Wipfelhöhe niedriger als breit – ein weiteres Indiz für langsames Wachstum und entsprechend hohes Alter.

Um dem wirlichen Alter der Stieleiche *(Quercus robus)* auf die Spur zu kommen, gab die Untere Naturschutzbehörde kürzlich eine Altersuntersuchung in Auftrag, die mit Hilfe eines feinen Spezialbohrers die noch vorhanden Jahrringe auszählte. Auch wenn das Innere des Stammes inzwischen stark ausgehöhlt ist, so ließ sich anhand der vorhandenen Restwand ein Gesamtalter von circa 550 Jahren plausibel machen.

Über die Biografie des Baumes ist wenig bekannt. Die Bezeichnung »Gerichtseiche« könnte einen Hinweis darauf geben, dass die Herren des Reinhardswaldes hier ihre drakonischen Strafen für Holzfrevler und Wilderer verhängten. Seit der Regierungszeit Karls des Großen (768–814) war das Gebiet als Bannwald unter Schutz gestellt.

Die Aufnahme der Eiche oben stammt aus dem Jahr 1991. Der markante, oberseits vermorschte Starkast, der fast waagerecht ausgreift, brach im Herbst des Jahres 1994 zu Boden, wie im rechten Bild zu sehen.

Standort:

Von Holzhausen aus dem Höhenweg nordwärts folgen. Kurz vor der Kuppe des Junkernkopfes ist links (westlich) ein Parkplatz, 100 m entfernt in der Fichtenschonung steht die Eiche.

Gogerichtslinde in Heiden

Kreis Lippe
Alter: 350–600 Jahre
Stammumfang (2003): 9,22 m

106

Die 5 horizontal geleiteten Äste der Pfarrhoflinde in Heiden ähneln den Fangarmen eines Riesenkraken. Früher gab es 10 Horizontaläste, die bis 1935 eine hölzerne Plattform trugen. Bis dahin hatte die Linde als Tanzbaum gedient.
Schweift man weiter zurück in die Vergangenheit, so taucht die Tanzlinde im 17. Jahrhundert mit verwandeltem Gesicht vor uns auf. Damals ist sie noch eine Gogerichtslinde, unter der Recht gesprochen wird und Abmachungen besiegelt werden. Ein Register der 13 Heidener Bauernschaften aus dem Jahr 1663 bildet die Linde stilisiert mit gedrungenem Stamm und gestutzter Kugelkrone ab.

Die Gogerichtslinde, dargestellt auf einer Stahlfederzeichnung von Gerhard Dallmann, 2001.

In seinem Buch »Lieblich-lind duften die Lindenbäume« hat Gerhard Dallmann (1942–2001) das Schicksal der alten Gogerichtslinde und zahlreicher anderer Linden der Region Ravensberg-Minden-Lippe sorgsam und ausführlich dargestellt und ihre Gestalt in Form brillanter Stahlfederzeichnungen verewigt. Seine hier vorgestellte Stahlfederzeichnung der Heidener Linde beweist nachdrücklich, dass man sich dem Phänomen Baum auch anders als mit dem Fotoapparat nähern kann.
Eine dritte Form der Annäherung, die wir nicht empfehlen möchten, könnte dagegen demjenigen in den Sinn kommen, der die Legende vom »letzten Heidener Mönch« für bare Münze hält. In einem alten Schriftstück, dessen befremdliche Zauberformel aus dem unberufenen Mund Harry Potters stammen könnte, steht zu lesen: »Unter der alten Linde soll verborgen sein ein großer Schatz per monachorum ultimum. Wer ihn will finden, der darf nur suchen in der Nacht, wenn die Sterne sich schnuppen mense Augusti. Er muß aber sagen der Mönche Spruch: Tucki Malitscho Zacka Kerutsch Misrai Bedechemi Putschak Frolevin. Kichekamaloch Abatunk Harapuzin Abrakadabra«. Aber wer kann beim Anblick eines wundervollen Naturschatzes wieder Gogeärichtslinde überhaupt an den schnöden Mammon denken?

Standort:

An der Pfarrkirche in Heiden östlich Lage.

Linde in Elbrinxen

Kreis Lippe
Alter: 350–420 Jahre
Stammumfang (1999): 10,40 m

107

Die riesenhafte Sommerlinde *(Tilia platyphyllos)* in Elbrinxen im Weserbergland, nahe Pyrmont, steht auf dem Höhepunkt ihrer Wuchskraft. Im vergangenen Jahrzehnt wuchs ihr Umfang jährlich um rund 4 cm. Ihre Krone wölbt sich harmonisch eiförmig über 30 m hoch. Die Standortverhältnisse sind ideal. Sie wurzelt in tiefgründigem Lehm, 2 Bäche fließen in der Nähe.
Das »Guiness Lexikon der Superlative« kürte sie zu Deutschlands ältester Linde und bescheinigte ihr ein Alter von 1000 Jahren. Ein Heimatdichter ist sich nicht sicher:
»Die Elbrinxer Linde, so seltsam und schön,
ich hab sie als Kind schon bewundert!
Jetzt kommt mir die Frage
– wie lang mag sie steh'n,
wer weiß wie viele Jahrhundert?«
5 Jahrhunderte sind es maximal. In der Soester Fehde wurde Elbrinxen 1447 verwüstet und erst 1515 an seiner heutigen Stelle neu errichtet. Aus dieser Zeit dürfte die wüchsige Linde stammen.
Nach einem heftigen Sturm Mitte des 19. Jahrhunderts musste die lädierte Krone gekappt werden. Elisabeth Fürstin zur Lippe ließ gegen 1860 Eisenbänder anbringen und verstrebte die 8 verbliebenen Äste mit Eisenstangen. Nach einer weiteren Stutzung des Baumes in den 1950er-Jahren behandelte im Jahr 1959 ein sogenannter »Baumchirurg« die Linde. Er entfernte die Eisenbänder und stabilisierte die Baumkrone durch ein zeitgemäßes System von Stahlseilen.

Standort:
Bei der Kirche in Elbrinxen südlich Lüdge.

Zwölf-Apostel-Linde in Gehrden

Kreis Höxter
Alter: 300–330 Jahre
Stammumfang (1999): 9,80 m

108

Lange Jahre führte die Zwölf-Apostel-Linde in Gehrden ein verborgenes Dasein hinter dicken Klostermauern. Erst im Jahr 1950 wurde der Baum, der eventuell aus einer Bündelpflanzung entstand, öffentlich zugänglich gemacht. Eine Wendeltreppe am Stamm leitete damals noch hinauf zu einer Plattform über den 11 erhaltenen baumstarken Ästen. Der symbolträchtige zwölfte Ast – der Klostertradition nach der verräterische »Judas« – soll während eines schweren Gewitters in den 1930er-Jahren an einem Karfreitag zur Todesstunde Jesu aus dem Stamm gebrochen sein. Die beliebte und viel besuchte Winterlinde *(Tilia cordata)* wird gerne mit dem Bau des Klostergebäudes anno 1142 in Verbindung gebracht. Wenn man allerdings bedenkt, dass der vitale und vollbekronte Baum 1905 »erst« 7 m Umfang besaß und bis heute weitere 2,80 m an Umfang zugelegt hat, so ist dies ins Reich der – wenn auch heiligen – Legenden zu verweisen.

Standort:
Im Klosterhof in Gehrden südlich Brakel.

Dicke Margarete bei Beberbeck

Kreis Kassel
Alter: 350–480 Jahre
Stammumfang (2002): 9,56 m

109

Oberhalb der Hessischen Staatsdomäne Beberbeck führt eine herrliche Eichenallee ins östliche Feld hinaus. Je näher der Waldrand kommt, desto schlechter werden dort die Bodenverhältnisse. Nach einer dünnen Erdschicht von vielleicht 30 cm Dicke steht in Waldesnähe bereits der Buntsandstein an. Versuche, hier Ackerland zu gewinnen, schlugen in der Vergangenheit fehl. Das Steinelesen hätte wohl kein Ende genommen. Stattdessen beließ man die jahrhundertealten Huteflächen, auf denen heute noch vereinzelt und in Grüppchen zahlreiche verwitterte Huteeichen stehen. Es sind übrigens, historisch betrachtet, die Ausläufer des bekannten »Saba-Urwalds«, der sich vom Dornröschenschloss Saba-Burg bis hierher erstreckt. Denn auch dieses beliebte Naturschutzgebiet war früher offene Eichenhutung, ist jedoch im Laufe des letzten Jahrhunderts durch die vordringende Buche zunehmend verwaldet.

Einige der Beberbecker Eichen haben mit viel Glück einen besseren Boden ergattert. Sie stehen weiter unten, nördlich der herrlichen Eichenallee, jeweils solitär. Dazu zählt auch die dicke Margarete, in deren Wurzelraum sogar Meister Reinecke seine Wohnhöhle gegraben hat. Weil hier der Boden etwas tiefgründiger ist, wird rund um den Baum Getreide angebaut. Im Sommer ist die dicke Eiche selten zu erreichen. Das kleine Wiesenquadrat, das man ihr als Standort belassen hat, wird oft von wogendem Korn umschlossen. Am besten man besucht die Huteeiche mit dem ungemein knolligen Stamm und der halb erstorbenen Krone im Herbst, wenn die Erntesaison vorüber ist.

Standort:
Im offenen Feld östlich der Staatsdomäne Beberbeck nordöstlich Hofgeismar. Nördlich der Eichenallee.

Schneitelbuche bei Lauenstein

Kreis Hameln-Pyrmont
Alter: 250–300 Jahre
Stammumfang (2006): 7,58 m

110

Lauenstein im Wesergebirge ist die Heimatstadt eines berühmten Naturschutzpioniers.

Ernst Rudorff (1840–1916), Begründer des 1904 ins Leben gerufenen »Deutschen Bundes Heimatschutz«, verlebte hier als Kind seine Sommerferien auf dem elterlichen Gut Knabenburg. Die unberührte Natur wuchs ihm in dieser Zeit wohl sehr ans Herz, sodass er sich als reifer Mann dazu berufen sah, sich gegen den Einbruch der »neuen Zeit« mit ihren Tendenzen zum »Kahlschlag in Gesellschaft und Natur« zu stellen. Als Musikprofessor und Kunstpädagoge an der Königlichen Hochschule in Berlin verfügte er bald auch über die Mittel, Bäume und natürliche Flächen in und um Lauenstein zu bewahren. 1872 erwarb er das Gut Knabenburg. Die nahestehenden alten Eichen am Fußweg hinauf zum Krähenberg – insgesamt über 40 Stück – konnte er durch Aufkaufen vor der Fällung bewahren. 4 oder 5 dieser Eichen stehen heute noch. Rudorff verhinderte auch, »dass in einem Wiesentälchen Koppeln eingerichtet wurden und schuf dort Waldränder, Hecken und Galeriewälder entlang des Waldes«, und erreichte sogar, dass auf gerodeten Flächen neue Bäume und Hecken angepflanzt wurden. Im Jahr 1886 forderte er »in einer Eingabe die Schonung landschaftlicher Eigentümlichkeiten«, und in seinen Tagebüchern finden sich damals schon Gedanken über die Gründung eines Vereins zum Schutze der Natur. Der Begriff des »Heimatschutzes«, 1897 durch Rudorff geprägt, stand früher einmal gleichbedeutend und gleichberechtigt neben dem des »Naturschutzes«.

Die monströse Schneitelbuche im Stieghagen oberhalb von Lauenstein ist dem engagierten Heimatschützer sicherlich bekannt gewesen. Der Stieghagen erinnert an eine Siedlung aus dem 14. Jahrhundert, die später Acker- und Weideflächen weichen musste. Dort sind sogar noch einige »Wölbäcker« aus dem Mittelalter erhalten geblieben. Damals pflügte man nämlich konzentrisch, sodass die Äcker sich zur Mitte hin auftürmten. Die Rotbuche, deren Stamm sich vom Boden an immer mächtiger entwickelt, wurde früher alljährlich »geschneitelt«. Das heißt, die jungen Triebe wurden abgeschnitten, um das nahrhafte Laub ans Vieh zu verfüttern. Durch diese wiederkehrende Verwundung bildete sich über Jahrzehnte hinweg eine eindrucksvolle Keulenform. Am Boden besitzt der Stamm der Buche 6,20 m Umfang, in Hüfthöhe bereits 7,58 m und über Kopfhöhe sogar 9 m. Ein Baum wie ein Gebirge, grau und gewaltig in der gesamten Kontur.

Standort:

Im Stieghagen nördlich Lauenstein im Wesergebirge.

Robinie in Holzhausen

Kreis Höxter
Alter: 240–310 Jahre
Stammumfang (2006): 6,20 m

111

»In einer zugigen Ecke Westfalens, am Rande des Teutoburger Waldes, versucht eine verwitterte Akazie auch heuer heil durch die Kälte zu kommen«, schrieb Wilfried Bauer in seinem bekannten Artikel über »Die grünen Patriarchen« Deutschlands in GEO, Ausgabe Mai 1980. 26 Jahre später standen wir endlich selbst vor dem Baum. Die Formulierung von der »zugigen Ecke Westfalens«, so zeigte sich, war kein journalistischer Kunstgriff. Als wir in die Hofeinfahrt des Schlossgutes einbiegen, kommt zum ersten Mal auf der Reise starker Wind auf. Kreiselnde Böen wirbeln den Staub auf. Am ehemaligen Pferdestall, jetzt umfunktioniert zu einem geschmackvollen Wohnhaus, lehnt sich noch immer die alte »Akazie« (eigentlich handelt es sich um eine Robinie, *Robinia pseudoacacia)* mit ihrem knorrigen Geäst über die romantische Steinbogenbrücke zum Herrenhaus. Ihre Krone spiegelt sich geheimnisvoll im Wasser.

Mehr Totholz hat sich inzwischen gebildet, einige morsche Äste mussten entfernt werden. Doch noch immer hält sich das zerklüftete Gewächs tapfer im Schutze der Hauswand – und grünt.

Ob die alten Bäume in unserem Land wirklich von Jahr zu Jahr weniger werden, wie damals in GEO behauptet, das ist ein Thema, was auch uns immer wieder bewegt. Aber es wird mehr solide Statistik und weniger Sentimentalität nötig sein, um die Frage zu klären.

Standort:
Im Schlossgut Holzhausen südöstlich Nieheim.

Mauereiche in Hornoldendorf

Kreis Lippe
Alter: 350–450 Jahre
Stammumfang (2003): 9,02 m

112

Die eingekeilte Eiche in der Außenmauer des Ritterguts Hornoldendorf war vielleicht schon da, als die Mauer errichtet wurde. Im Jahr 1610 wurden die dort ansässigen Bauern vom Hofmeister des Landesherrn, Hans Adam zu Hammerstein, mit rüden Methoden aus ihren Gütern vertrieben. Die 1614 zu einer erblichen und adeligen Domäne zusammengefassten Höfe gingen mit zahlreichen Sonderrechten in seinen Besitz über. Vielleicht wurde die Eiche damals gepflanzt, um die Eigentumsverhältnisse zu legitimieren und den neuen Grenzverlauf zu markieren. Inzwischen ist die Eiche fest mit der Mauer verbunden, ihr Stamm überwallt die Mauerkante und »fließt« senkrecht entlang der Mauerwand. Wie ein hölzerner Wachturm ragt die Eiche über das historische Gemäuer, grau und eindrucksvoll wie die ganz nahe gelegenen Externsteine bei Horn.

Standort:
In der Außenmauer des Ritterguts Hornoldendorf südöstlich Detmold.

Feldahorn an der Amöneburg

Kreis Marburg-Biedenkopf
Alter: 100–200 Jahre
Stammumfang (2005): 3,27 m

113

Feldahorne *(Acer campestre)* neigen zur Verbuschung. Manchmal durchbrechen sie aber auch das typische Wuchsmuster und entfalten sich zur Baumgestalt. Das ist beim Feldahorn am Fuß der Amöneburg in Formvollendung gelungen. Besonders im goldenen Oktober bietet sich ein herrlicher Anblick. Der alte Maßholder, wie der Baum auch genannt wird, steht auf feuchtem Boden, nur 50 m oberhalb entspringt die »Waschbachquelle«, deren Wasser Trinkwasserqualität besitzt und in 2 schweren Sandsteintrögen aufgefangen wird. Bonifatius, der im Jahr 722 auf dem hohen Basaltbuckel der Amöneburg das erste hessische Kloster begründete, soll hier der Legende nach Heiden getauft haben.

Vielleicht dachte er beim Anblick der einst keltischen Siedlung, deren Lichter nachts über dem Tal funkelten, an den schönen Bibelvers: »Es kann die Stadt, die auf einem Berge liegt, nicht verborgen sein« (Mt 5,14).

Standort:

An der Waschbachquelle am Nordwesthang unterhalb der Amöneburg südlich Kirchhain.

Tanzlinde in Niedenstein

Kreis Schwalm-Eder
Alter: 400–740 Jahre
Stammumfang (2006): 8,64 m

114

Ursprünglich hat die Linde wahrscheinlich einmal als Gerichtsplatz der Stadt gedient, wie dies auch andernorts üblich war. Belege dafür gibt es nicht, die Nähe des unteren Stadttores deutet aber darauf hin. In späteren Jahren wurde sie zur klassischen Tanzlinde. Der kurze, knorrige Stamm, der heute aus 3 Teilen besteht, verzweigte sich dicht über dem Boden in 6 Starkäste, die in die Horizontale gezogen wurden.

In Niedenstein wurde nicht unter der Linde, sondern in der Linde getanzt. Zu diesem Zweck war für die Musikanten und die Tänzer ein Tanzboden in das Geäst der Linde eingebaut worden, der durch kräftige Holzpfeiler gestützt wurde. Eine Treppe führte hinauf auf das laubbekränzte Tanzpodium. Damit sich die Tanzenden in ihrem Überschwang nicht unvermittelt eine Etage tiefer auf dem harten Boden der Realität wiederfanden, wurde auch ein Geländer angebracht. Bis ins frühe 20. Jahrhundert pflegte man in Niedenstein das Tanzlindenbrauchtum. Die letzte Instandsetzung des Bodens erfolgte 1890, und auf einem Foto von 1906 sind Podium und Treppe noch gut zu erkennen.

Das aktuelle Foto zeigt die Linde am 27. September 2003. Der Hitzerekordsommer hat Spuren im Baum hinterlassen: Einen großen Anteil ihrer Blätter musste die Linde verfrüht abwerfen, um Wasser zu sparen.

Standort:

An der Ortsdurchfahrt in Niedenstein südwestlich Baunatal.

Eiche am Klapperturm bei Einbeck

Kreis Northeim
Alter: 350–450 Jahre
Stammumfang (2005): 8,90 m

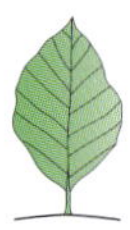
115

Einbeck ist als alte Bierbrauerstadt bekannt. Im Jahr 1368 trat es der Hanse bei und gelangte schon im darauf folgenden Jahrhundert durch den Bierexport in ferne Länder zu großem Reichtum. Das Erfolgsgeheimnis der Stadt war ihr starkes und daher transportfähiges »Bockbier«, das in vielen kleinen Privatbrauereien hergestellt wurde und, abgefüllt in 380 Liter-Fässer, in den Gewölbekellern der Bürgerhäuser lagerte. Bis zu 70 Böttcher waren zu den Glanzzeiten angestellt, denn der Handel mit Fässern und Fassbier florierte.

Das rief natürlich auch Neider auf den Plan, sodass sich die Stadt durch 2 Verteidigungsgürtel zu schützen suchte. Der heutige Klapperturm westlich der Stadt ist ein Relikt der frühen Landwehr. 8 Warttürme mit anliegenden Unterkünften standen an strategisch wichtigen Plätzen im Umkreis der Stadt. Die Stadt selbst wurde durch eine Stadtmauer mit vorgelagerten Befestigungsanlagen gesichert. Wie die Chronik jedoch zeigt, wurden drohende Auseinandersetzungen mit anderen Städten und Landesherren meist auf diplomatische Art beigelegt. Zogen feindliche Truppen vorüber, so verhandelte man und zahlte für den Frieden. »Die von Göttingen haben den Mut, die von Einbeck haben das Gut«, hieß damals ein gängiger Spruch. Nur einmal kam es zum Kampf mit den Göttingern. Als deren Herzog Wilhelm im Bündnis mit dem Landgrafen von Hessen samt 2000 Reitern in Rüstung gegen den Bischof von Hildesheim und den Grafen von Spielberg (bei Hameln) auszog, kam er nach erfolgreicher Schlacht auch in der Nähe von Einbeck vorbei. Es waren arge Gräuelgerüchte in Umlauf, und die Stadt rechnete wohl mit einem Überfall. Sie verweigerte dem feindlichen Heer den Durchmarsch und ließ sich sogar mit einer Bürgerwehr von rund 1000 Mann zum Kampf im offen Feld verleiten. In der »Schlacht am Tackmannsgraben«, ganz in der Nähe des Klapperturms, erlitten die Einbecker eine schlimme Niederlage.

Nach 1600 verlor die alte Landwehr mit dem Aufkommen von Feuerwaffen an Bedeutung. Man fing an, die Turmgüter in Herbergen und Gaststätten zu verwandeln. Im selben Jahrhundert mag vielleicht auch eine Herberge am Klapperturm entstanden und die alte Eiche im Vorgarten gepflanzt worden sein. Ein Gasthaus ist seit 1804 sicher belegt. Eine Zeichnung der Gaststätte aus dem Jahr 1896 zeigt neben den Resten des Rundturmes die alte Eiche bereits mit halbseitig abgestorbenem Geäst. Im Jahr 1899, als die Gaststätte abbrannte, wurde die Eiche möglicherweise nochmals in Mitleidenschaft gezogen. Im Jahr 1951 wurde schließlich der hohle und zu 2 Dritteln geöffnete Hauptstamm der Eiche mitsamt der maroden Krone in etwa 4 m Höhe gekappt. Von den tieferen Ästen ist inzwischen nur noch einer erhalten geblieben, der sich knorrig zur Straße reckt.

Standort:

Am Klapperturm an der Bundesstraße nach Dassel etwa 2 km westlich Einbeck.

Linde an der Görbelheimer Mühle

Wetteraukreis
Alter: 400–425 Jahre
Stammumfang (2003): 10,15 m

116

»In weiten Kreisen der Bevölkerung bekannt und als ein Wahrzeichen längst vergangener Zeiten, inneren Haders und blutiger Kämpfe, geschätzt und beachtet, ist die an der Kreisstraße von Bruchenbrücken nach Friedberg nächst der Görbelheimer Mühle auf Gelände des Fürsten Vesenburg-Wächtersbach stehende Linde«, lesen wir in dem 1904 erschienenen Bildband »Bemerkenswerte Bäume im Großherzogtum Hessen in Wort und Bild«. Und weiter: »Nicht spurlos sind die Jahrhundert an ihr vorübergezogen, und der jedenfalls einst imposante Baum bietet heute ein Bild weit fortgeschrittenen Verfalls, allmählichen Verlöschens der Lebenskraft. Wie gebückt durch die Last der Jahre, neigt er sich über die Höhe der Böschung«.

Görbelheim wurde unmittelbar nach den Bauernkriegen 1524/25 aufgegeben. Die Einwohner wanderten größtenteils nach Ungarn aus. Die benachbarte Görbelheimer Mühle wurde im Dreißigjährigen Krieg bis auf die Grundmauern zerstört, aber im Jahr 1658 wieder aufgebaut. So bot sich um 1904, als der Bildband erschien, ein merkwürdiges Bild: eine uralte Linde umringt von spärlichen Überresten der Ortschaft. Einige damals noch vorhandene Fundamentreste des Dorfes gruppierten sich um den Baum, in Nachbarschaft befand sich die bereits erwähnte Görbelheimer Mühle und das so genannte Heiligenhaus.

Der Verdacht lag nahe, eine uralte Linde »aus dem Anfang des 16. Jahrhunderts, viel wahrscheinlich aber noch aus dem 15. oder 14. Jahrhundert« vor sich zu haben, insbesondere, da man früher einen »langsamen Wuchs der Holzart« annahm. »Den maserwüchsigen, schon vom Boden an mit zahlreichen Kurztrieben versehenen und völlig hohlen Stamm des sterbenden Riesen vermögen 5 Männer nicht ganz zu umspannen«, lautete die poetische Umfangsangabe von 1904, was mindestens 8 m Stammumfang zu bedeuten hatte. »Augenscheinlich schon vor längerer Zeit sind die stärkeren Äste des Baumes, denen der morsche Schaft keinen genügenden Halt mehr bot, ausgebrochen, und die früher zweifellos gewaltige Krone besitzt heute nur noch einen Durchmesser von 12–13 m, während die Gesamthöhe des Baumes auf 9 m zurückgegangen ist«, erfahren wir noch über die Baumbiografie, die sich im 20. Jahrhundert hartnäckig fortgesetzt hat, denn der »sterbende Riese« lebt immer noch.

Foto der ehemaligen Dorflinde vor über 100 Jahren. In: »Bemerkenswerte Bäume im Großherzogtum Hessen in Wort und Bild«, 1904.

Standort:

An einer Böschung rechts (westlich) der Straße Friedberg – Bruchenbrücken. 200 m südlich der Görbelheimer Mühle.

Vom Sauerland zum Pfälzer Wald

Ortslinde in Reinborn

Rheingau-Taunus-Kreis
Alter: 600–670 Jahre
Stammumfang (1989): 14,30 m

117

Reinborn ist ein winziges Örtchen in exponierter Lage, 450 m hoch im Taunus gelegen. Von hier aus kann man im Osten die Sonne aufgehen sehen, unmittelbar hinter dem 880 m hohen Großen Feldberg, dessen Kuppen und Ausläufer von dichtem Buchenlaubwald bedeckt sind. Die ortsprägende Linde vor der schlichten Barockkirche ist in 3 Teilstücke auseinander getriftet, die oberirdisch nicht mehr miteinander verbunden sind. Ein Rohrmast in der Mitte der Linde bewahrt die dramatisch zur Seite geneigten Stammschalen mit Hilfe konzentrisch gespannter Drahtseile davor, endgültig wegzubrechen.

Am Beispiel der Reinborner Linde wird das Überlebensprinzip der Linden musterhaft sichtbar: Lindenholz ist weich und biegsam, wodurch es auch leicht fault. Doch dank ihrer sprichwörtlichen Vitalität wachsen Linden dem inneren Verfall immer wieder nach außen davon. Schon seit über 100 Jahren existiert eine tiefe Aushöhlung zwischen den 3 Stammsäulen. Ein Artikel in der »Gartenlaube« aus dem Jahr 1903 belegt das mit einem kleinen Foto. Trotz der damals gut erhaltenen und somit wachstumsfördernden Krone hat sich der Umfang der riesenhaften Linde recht zögerlich von damals 13 m auf heute 14,30 m erweitert. Von einer »1000-jährigen« Linde zu sprechen, kann also beides sein: Dichtung oder Wahrheit.

Standort:
In Reinborn nordöstlich Idstein vor der Kirche.

Kirchlinde in Rückeroth

Westerwaldkreis
Alter: 300–400 Jahre
Stammumfang (2001): 10,08 m

118

Durch den Baumsachverständigen Eckart Müller wurden wir auf eine schöne Dorflinde im Westerwalddörfchen Rückeroth aufmerksam gemacht. Sie steht am Aufgang zur Kirche und könnte eventuell bei ihrem Bau gepflanzt worden sein. Aus dem imposanten, mit einer alten Betonplombe aufgefüllten Stammsockel streben baumstarke Äste empor.

Standort:

Am Aufgang zur Kirche in Rückeroth nördlich Selters (Westerwald).

Kirchlinde in Langendernbach

Kreis Limburg-Weilburg
Alter: 400–575 Jahre
Stammumfang (1992): 11,65 m

119

Die hoch reichende Sommerlinde *(Tilia platyphyllos)* schmiegt sich an die Vorderseite der Langendernbacher Dorfkirche, die architektonisch dem Limburger Dom nachempfunden ist. Ihr Wipfel konkurriert höhenmäßig mit dem Kirchturm. Früher soll sie eine Stufenlinde gewesen sein, in deren 4 Astetagen Holzböden eingelegt waren. Heute besteht der Stamm aus zwei großen Teilen, die durch einen Spalt voneinander getrennt sind.

Standort:

Vor der Kirche in Langendernbach südöstlich Westerburg.

Dicke Linde in Forst

Stadtkreis Aachen
Alter: 400–550 Jahre
Stammumfang (1999): 9,90 m

120

Linden haben »sieben Leben«. Bricht ihr Hauptstamm aus, so regenerieren sie sich oft aus dem alten Wurzelstock und präsentieren sich 1 Jahrhundert später in neuer Gestalt. Ein gutes Beispiel dafür ist die Forster Linde. Auf einem naturgetreuen Holzschnitt aus dem Jahr 1873 wird sie, von Süden aus gesehen, mit voller Krone und mächtigem Erdstamm dargestellt – umrahmt von Kirche und Schöffenhaus. Der Pflanzenfreund Hermann Fürst Pückler aus Muskau schätzte die kolossale Winterlinde *(Tilia cordata)* bei seinem früheren Besuch im Jahr 1852 auf ein stolzes Alter von 800 Jahren.
Im 20. Jahrhundert hat die Linde eine neue Identität gewonnen. 5 baumstarke Äste sind dem alten Wurzelsockel entsprungen und bilden inzwischen die zweite oder gar dritte Kronengeneration der Linde. Alle Vermutungen gehen dahin, dass die »Dicke Linde« viele Generationen lang als Gerichtsbaum diente. Nicht nur das angrenzende Schöffenhaus weist in diese Richtung. Nahebei befindet sich auch der so genannte Galgenplei.

Standort:
Vor der Pfarrkirche in Forst, einem Ortsteil Aachens.

Die Forster Linde nach einem naturgetreuen Holzschnitt von Heinrich Krauskopf. Aus »Alte und Neue Welt«, 1873.

Dicke Buche bei Krombach

Kreis Siegen-Wittgenstein
Alter: 200–220 Jahre
Umfang (1996): 6,50 m

121

Von Krombach aus führen steile Wege hinauf zum Alten Heck. An der Waldgrenze betreten wir einen felsigen Wanderweg, der nach einigen Minuten Aufstieg den Blick freigibt auf ein kleines Plateau zur Linken. Dort, in 430 m Höhe, finden wir sie: die »Dicke Buche«. Auf anstehendem Fels, vermutlich Schiefergestein, hat sie einen schier unumstößlichen Wurzelansatz ausgebildet, der ganz von dicken Moospolstern bedeckt ist. Auf dem gedrungenen Stamm ruht eine vielarmige Krone. Keine Frage, diese Buche erscheint wie ein Fabelwesen aus einer anderen Welt. Die Mythen der Völker, wonach ein Weltenbaum Erde und Himmel verbindet und in seinem Geäst das Himmelsgewölbe trägt, werden bei einem solchen Anblick nachvollziehbar.
Das Alte Heck an der früheren Handelsstraße vom Siegerland nach Westfalen wurde Anfang des 15. Jahrhunderts zum Schutz vor den »bösen Kölschen« angelegt. Wallhecken, die im siegerländer Volksmund auch als Gebücke bezeichnet werden, wurden dadurch geschaffen, dass man in mühsamer gebückter Arbeitsweise Buchen und Hainbuchen anpflanzte, sie in gewünschter Höhe kappte, Seitenzweige und junge Austriebe herunterbog, brach, untereinander verflocht und in die Erde einsenkte. In die verbliebenen Zwischenräume setzte man dornenreiche Brombeeren und Himbeeren, sodass eine undurchdringliche lebende Mauer aus Pflanzen entstand.
Einige Jahrhunderte diente das Alte Heck als geniale Grenzbefestigung zwischen Nassau-Oranien, das überwiegend protestantisch ist, und dem kurkölnischen katholischen Sauerland. Mit dem Aufkommen von Feuerwaffen verlor das pflegebedürftige »Bauwerk« zunehmend an strategischer Bedeutung. Als letzter Zeuge der Pflanzenanlage blieb nur noch die alte Buche übrig.
Wie alt mag diese Rotbuche *(Fagus sylvatica)* sein? Im »Siegerländer Heimatkalender« von 1924 wird die damals ca. 14 m hohe und 20 m breite Buche mit einem Umfang von 4,30 m angegeben. Bei gleichförmigem Wachstum berechnet sich ihr Alter also auf ungefähr 220 Jahre. Der knollige Wurzelsockel könnte noch älter sein: Junge Buchen können sich nach einer Kappung aus dem Stock heraus regenerieren.

Standort:

Am Alten Heck oberhalb von Krombach nordwestlich Kreuztal.

Schöne Eiche von Endlichhofen

Rhein-Lahn-Kreis
Alter: 250–370 Jahre
Stammumfang (1992): 7,40 m 122

Ist sie wirklich die schönste Eiche Deutschlands, wie die Einheimischen behaupten? Wer die solitäre Stieleiche *(Quercus robur)* im Feld bei Endlichhofen sieht, der bilde sich sein eigenes Urteil. Dass die Eiche überhaupt noch grünt und sich nebenbei ihre unverkennbare Baldachinkrone mit knorrigen Ästen und feinen Zweigen bewahrt hat, ist für sich schon ein kleines Wunder.

Zur Zeit der Rheinlandbesetzung nach dem Ersten Weltkrieg geriet sie bei französischen Truppenübungen in Brand. Zu Ende des Zweiten Weltkriegs beschoss deutsche Artillerie die von Westen vorrückenden Amerikaner – 2 Starkäste wurden abgesprengt. Ende der 1970er-Jahre entstand im hohlen, zugigen, überdies mit Mulm gefüllten Inneren ein verheerender Brand, den die Feuerwehr nur mit chemischen Mitteln löschen konnte. Und seit Mitte der 1990er ist bekannt, dass sich der stark Holz zerstörende Schwefelporling, ein leuchtend gelber Konsolenpilz, in der Eiche eingenistet hat. Alle Strapazen hat die ästhetische Eiche bisher zäh überstanden. Die Frage mutet fast philosophisch an: Ist die Eiche schließlich so schön geworden, obwohl oder gerade weil ihr Schicksal so schwer war?

Standort:

Im freien Feld bei Endlichhofen westlich Nastätten.

Toreiche in Dausenau

Rhein-Lahn-Kreis
Alter: 350–460 Jahre
Stammumfang (1992): 9,15 m

123

Der mittelalterlich geprägte Fachwerkort Dausenau an der Lahn trägt auch den Beinamen »Rothenburg an der Lahn«. Das verdankt das Städtchen seiner 1359 erbauten Ringmauer. Vor dem westlichen Stadttor mit Zollturm zieht die majestätische Toreiche die Blicke der Besucher auf sich. Aufrecht und erhaben steht sie an der steilen Uferböschung der Lahn, die Wurzelausläufer streichen vom tonnenförmigen Stamm ausgehend noch 3 m weit hangabwärts. Am bodennahen Stammsockel ergibt sich dadurch ein Umfang von 14,70 m. Der eigentliche Stamm – am Abhang schwer messbar – hat einen Umfang von über 9 m.
Ob die alte Richteiche schon stand, als die Ringmauer erbaut wurde? 2 gusseiserne Gitter versiegeln die Ober- und Unterseite des hohlen Stammes. Im oberen Gitter hat man zumindest stolz die Worte »1000 Jahre« eingefügt.
Der senkrechte, bis in gut 20 m Höhe unverzweigt durchlaufende Hauptstamm ist typisch für Traubeneichen *(Quercus petraea)*, die im Vergleich zur Stieleiche auch trockenere und weniger gute Standorte besiedeln können. Unter Trockenheit muss unsere Toreiche allerdings nicht leiden. Sie steht sozusagen mit den Füßen im Wasser und wuchs im Lauf ihres langen Lebens zu einer großartigen Vertreterin ihrer Art heran.

Standort:
Am Lahnufer, vor dem Stadtor von Dausenau östlich Bad Ems.

Dicke Kescht in Dannenfels

Donnersbergkreis
Alter: 300–400 Jahre
Stammumfang (2000): ca. 9,00 m 124

Im klimatisch begünstigten Südwesten der Republik sind Maronen *(Castanea sativa)* keine Seltenheit. Die Esskastanie, im Rheinland auch Kescht genannt, wurde von den Römern mit dem Weinbau ins Land gebracht. Schon um 1900 war Dannenfels am 687 m hohen Donnersberg im Nordpfälzer Bergland für seine ausgedehnten Maronenhaine berühmt. Es sollen die schönsten nördlich der Alpen sein. Jahr für Jahr brachten die rund 6000 Bäume einen Durchschnittsertrag von 1000 Zentner Maronen. Innerorts, heute eingeklemmt in eine 3 m hohe Steinmauer, steht die »Dicke Kescht« – eine bis auf einen kleinen Seitenspross vollkommen kahle Baumskulptur.

Die »Dicke Kescht« vor 100 Jahren. Aus Stützer, 1902.

Im Jahr 1849 bauten Störche ein Nest in der Marone, doch eine Feuersbrunst verscheuchte sie wieder. Im Jahr 1860 setzte ein Wirbelsturm der Primärkrone der »Dicken Kescht« ein jähes Ende. Der Besitzer, Landwirt Heinrich Baab, versuchte sich als »Baumsanierer«. Um den hohlen Stamm zu stabilisieren, füllte er den hohlen Stamm mit Erde und pflanzte in 4 m Höhe eine Fichte in den lebenden Holztrog. Ohne Kontakt zum gewachsenen Boden wuchs die Fichte nur kümmerlich. Nach 40 Jahren war sie eben 5 m hoch geworden. Immerhin sorgte der zierliche Nadelbaum allwinterlich für einen grünen Farbtupfer im ansonsten laublos fahlen Maronengeäst. Heute ist sie wieder verschwunden.

1885 verwandelte sich die Marone in einen »Baumbrunnen«. Rohre wurden durch den Stamm gelegt. Doch im Winter gefror das Wasser zu Eis und beschädigte den Stamm. 10 Jahre später entfernte man die Röhren wieder – die Ortswasserleitung hatte den »Baumbrunnen« überflüssig gemacht.

Standort:

An der Ortsdurchfahrt in Dannenfels südwestlich Kirchheimbolanden.

Briggerigge in Priorei

125

Stadtkreis Hagen
Alter: 300–575 Jahre
Stammumfang (2001): 8,63 m (Taille)

Anfang der 1970er-Jahre sanierte der Pionier der Baumchirurgie in Deutschland, Michael Maurer aus Röthenbach bei Nürnberg, die mächtige Briggerigge im Volmetal, die fälschlicherweise auch Priorlinde genannt wird, obwohl es hier nie ein Kloster gab. Lauschen wir dem Bericht des Baumarztes Maurer:
»Wie immer fuhr ich nicht direkt auf guter Straße nach der Priorei. Ich komme ‘über die Felder’. Ich will den Baum in seiner Umgebung, in der Landschaft sehen. Über den Höhenrücken fuhr ich einen Feldweg. Schon vorher war mir aufgefallen, dass ich mich in einer noch kaum veränderten germanischen Mark befand; alte Bauernhöfe verstreut im Quellhorizont. Einen dieser Bauern fragte ich nach der Priorlinde. Verwundert hörte er den Mann aus Bayern. Er wiegte den Kopf und sagte, wie zu sich selbst, ‘Briggerigge’. Dann zu mir: ‘Zur Briggerigge geht es dort’ – und wies mir den Weg. Ich habe schon viele Stufen-, Tanz- und Gerichtslinden gesehen und behandelt. Hier stand eine, nein so etwas war mir noch nicht untergekommen. Auf einer hergerichteten Fläche von 10 x 20 m, von einem rauschenden (leider verrohrten) Bächlein durchflossen, stand auf kaum 1 m hohem Stamm ein ‘Kandelaber’. 7 mächtige Äste recken sich waagrecht bis 4 m heraus. Und aus ihren Enden streben 12 Schößlinge schon an 50 cm stark ca. 30 m in die Höhe. Wahrlich ein Baumwunder!«
Die Linde wurde saniert und der umgebende Boden verbessert. Der Wirt von der benachbarten Gaststätte »Zur 1000-jährigen Priorlinde« hatte vor Jahren 2 Betonpfeiler unter die beiden schwersten Äste gestellt, die dort belassen wurden. Der stark vermorschte Stamm wurde geöffnet. Die im dunklen, mulmgefüllten Inneren entstandenen Adventivwurzeln, jene in den Worten Maurers »geheimnisvollen Lebensverlängerer« der Linde, sind seitdem sichtbar.
Der sonderbare Name der Linde leitet sich übrigens von »Brüchte« (Gericht) und »Igge« (Ecke) ab. Auch hier haben wir es wieder mit einer alten Gerichtslinde zu tun.

Standort:

Oberhalb Priorei südlich Hagen, neben der Gaststätte »Zur 1000-jährigen Priorlinde«.

Zeder in Bad Homburg

Hochtaunuskreis
Alter (2002): 190–200 Jahre
Stammumfang (2000): 5,85 m

126

Die Pharaonen Ägyptens ließen ihre Särge aus ihnen fertigen, Salomons Tempel wurde aus ihnen errichtet, die Phönizier verwendeten sie zum Bau ihrer Schiffsflotte. Die Rede ist von den legendären Libanonzedern *(Cedrus libani)* und ihrem wertvollen Holz.

Die außergewöhnliche Qualität des Zedernholzes war auch das Verhängnis der natürlichen Baumvorkommen. Das Land Libanon, benannt nach dem 170 km langen und bis über 3000 m hohen Gebirgszug gleichen Namens, trägt zwar noch heute die Zeder auf der Nationalflagge. Von den einst riesigen Bergwäldern der Zeder, durchsetzt mit Kiefern und Eichen, sind aber bis dato bloß klägliche Reste in entlegenen Gebirgswinkeln übrig geblieben.

Die Adligen Europas zimmerten dem Baum eine »Arche Noah«, indem sie den formvollendeten, breitschirmigen Nadelbaum in ihre Parks und Schlossgärten holten. 16 Zedern in Töpfen kamen als Geschenk des englischen Königshauses 1818 nach Bad Homburg, direkt aus dem weltberühmten Kew Garden in London.

13 Exemplare erfroren bald nach der Anpflanzung, 1 Exemplar überlebte im Gustavsgarten. Die beiden übrigen Libanonzedern wurden zunächst in Kübel gesetzt und erst 1822 vor dem Landgrafenschloss, direkt vor dem Fenster des Fürsten, ausgepflanzt. Dort sind sie noch heute zu bewundern.

Die größere der 2 kann mit Fug und Recht als eine der schönsten Zedern Deutschlands bezeichnet werden. Ihr Kronendurchmesser ist so stolz wie ihr Wuchs: 35 m. Ähnliche Exemplare sind nur noch auf der Insel Mainau anzutreffen. Inzwischen hat die Libanonzeder als beliebte Zierbaumart auch in die Vorgärten der bürgerlichen Welt Einzug gehalten.

Standort:

Vor dem Landgrafenschloss in Bad Homburg.

Marklinde in Oberlauken

Hochtaunuskreis
Alter: 500–550 Jahre
Stammumfang (2001): 11,17 m

128

Die alte Linde und die dazugehörige Kapelle (Foto unten) sind das Sinnbild Oberlaukens. Beide wurden nach 1816 lange Zeit im Gemeindesiegel geführt. Die heutige Linde oder eine Vorgängerin von ihr muss den Anlass dafür gegeben haben, das Gotteshaus nicht wie üblich im Mittelpunkt des Dorfes, sondern auf dem Hügel außerhalb der Ortschaft zu errichten.

In einem »Weistum« der Laukener Mark vom Jahr 1395 und später in einer Urkunde über ein «Märkergeding« im August 1580 taucht als Verhandlungsort »zu Laucken unter der Linde« auf. Sollten sich beide Quellen wirklich auf die heutige Linde beziehen, so wäre ihr Alter auf weit über 600 Jahre rekonstruierbar (Foto unten).

Standort:

Neben der Kirche von Oberlauken westlich Usingen.

Dicke Birne in Freckenfeld

Kreis Germersheim
Alter: 150–225 Jahre
Stammumfang (2001): 4,45 m

127

In ganz Deutschland konnten wir bisher keinen einzigen Apfelbaum mit mehr als 4 m Umfang ausfindig machen. Die Recherchen in Sachen Birnbaum verliefen zum Glück erfolgreicher. Durch die beherzte Vermittlung von Herrn Rainer Rausch vom »Arbeitskreis Historische Obstsorten der Pfalz« half uns die Zeitung »Rheinpfalz« im September des Jahres 2000 mit einer groß angelegten Suchaktion. Sie rief ihre Leserschaft dazu auf, Standorte dicker Birnen im rheinland-pfälzischen Obstbaugebiet zu melden. Dank der guten Resonanz konnten mehrere bemerkenswerte Birnen (*Pyrus* spec.) ermittelt und vermessen werden. Inzwischen steht fest: Das dickste Exemplar der Pfalz steht in Freckenfeld und wurde in den Bildband aufgenommen (Foto oben).

Standort:

In Sichtweite der Kirche in Freckenfeld westlich Kandel.

Vom Odenwald zum Schwarzwald

Weidbuche mit Feuerstelle bei Graben, östlich Wieden, Umfang 6,50 m (Baum Nr. 129). Der Standort befindet sich nahe dem Wasserbehälter in 970 m Höhe.

Weidbuchen bei Wieden

Kreis Lörrach
Alter: 200–325 Jahre
Stammumfänge (2001): 6,50–6,70 m 129–133

Rund um Wieden im Hochschwarzwald, besonders am Wiedener Eck und am Ochsenboden, stoßen wir auf eine Anzahl uriger Hutebuchen, auch Weidbuchen genannt. 5 davon wurden bereits 1908 von Ludwig Klein, Autor des Buches »Bemerkenswerte Bäume im Großherzogtum Baden« fotografiert und beschrieben. Er empfand die Wiedener Landschaft als »Schatzkästlein der wundervollsten Buchengestalten«.

Die Entstehung der Weidbuchen ist eng mit dem Wäldervieh, den uralten robusten Rinderrassen des Schwarzwalds, verbunden. Vor allem das kleine Hinterwälder Rind kann die über 30 Grad steilen Hänge der extensiv genutzten Allmendweiden begehen. Seit dem 16. Jahrhundert wurden auch die Höhenlagen des südwestlichen Schwarzwalds vermehrt gerodet und als Weideland genutzt.

130 *Die andere Weidbuche oberhalb Graben. Stammumfang wie ihre Nachbarin (vgl. Fotos S. 105): 6,50 m.*

Dort, im so genannten »wilden Feld«, entstanden während des 18. Jahrhunderts die markanten Buchengestalten *(Fagus sylvatica)*, die wir heute noch bewundern können. Vom Viehgangel aus, den parallel zum Hang verlaufenden Viehtritten, wurden die jungen Buchenbäumchen Jahr für Jahr durch Kuhverbiss gestutzt und zunächst am Hochwachsen gehindert. Anstelle eines Baumes bildetet sich ein rundlicher Kuhbusch, der jahrzehntelang nur kümmerlich wuchs. Erst, wenn die Spitze des Kuhbuschs für das Vieh nicht mehr bequem zu erreichen war, entfaltete sich der Busch zum knorrigen Baum, in dessen Schatten die Hirten eines Tages lagerten und allmorgendlich ihr wärmendes Feuer entzündeten. Einige der Wiedener Weidbuchen, zum Teil noch mit gut erkennbarer Feuerstelle, werden hier im Bild vorgestellt.

Standort:

In der offenen Weidelandschaft rund um Wieden nahe Todtnau.

131 *Im freien Feld nordwestlich Schönenberg steht diese Buche (links), die bereits 1908 von Ludwig Klein fotografiert wurde (unten). Umfang unterhalb der Stammlücke: 6,70 m.*

Weidbuche bei Utzenfeld

Kreis Lörrach
Alter: 200–350 Jahre
Stammumfang (2006): 7,13 m

132

Die außergewöhnlichste Buchengestalt des »Wiedener Ecks« finden wir auf dem Weg von Utzenfeld zum Knöpflesbrunnen, einem beliebten Ausflugsziel der Region. Dem Waldrand vorgelagert steht die alte Weidbuche fest verankert wie ein klotziger Wehrturm. Andere Bäume verblassen wieder in der Erinnerung, dieser hier nicht. Wie Ameisen kamen wir uns vor, als wir uns dem mächtigen, aus zahlreichen Kernen verschmolzenen Stamm von unten annäherten. Würdevoll hat die Riesenbuche dicke Wurzeln wie einen Teppich hangabwärts gerollt, ein eindrucksvoller Empfang. Als das Forscherpaar Angelika Schwabe und Anselm Kratochwill im Jahr 1985 ihre Untersuchung über die »Weidbuchen im Schwarzwald und ihre Entstehung durch Verbiß des Wälderviehs« anstellten, war auch die Utzenfelder Buche ein wichtiges Ziel der Exkursionen. Mindestens 28 Teilstämme konnten sie beim Umgehen des wuchtigen Hauptstammes zählen, was mit dem früheren Kuhbuschstadium der Weidbuche zusammenhängt. Sie ist nach wie vor die »mächtigste aus nur einem Kuhbusch erwachsene Weidbuche im Schwarzwald«. Ihr Standort liegt 870 m hoch.

Standort:

Nordöstlich Utzenfeld beim E-Werk den Sandgrubenweg rechter Hand bergauf in Richtung Knöpflesbrunnen nehmen. Nach circa 1,5 km Anstieg linker Hand (westlich) am Waldrand.

Doppelbuche am Lailekopf

Kreis Lörrach
Alter: 200–330 Jahre
Stammumfang (2006): 7,60 m

133

Die stärkste Weidbuche des gesamten Schwarzwaldes, begünstigt durch ihren Doppelstamm, steht am Lailekopf oberhalb Wieden. Der Standort des Buchengreises ist schwer auffindbar, denn nach langen Jahrhunderten auf offener Flügelginster-Weide ist der Baum in den letzten Jahrzehnten durch Waldverjüngung eingeschlossen worden.

Die Doppelbuche auf offener Flügelginster-Weide vor über 100 Jahren. Aus Klein, 1908.

Der bereits erwähnte Ludwig Klein dokumentierte den Baum im Jahr 1897 im offenen Freistand. Sein damaliger Umfang betrug 6,80 m. Die Weidbuchenforscher Schwabe und Kratochwill konnten den Baum nach fast 90 Jahren wiederfinden. Und auch uns ist mit einiger Mühe die Ortung zum noch späteren Zeitpunkt geglückt. Heute, nach rund 110 Jahren, sind es gerade 80 cm Umfang mehr. Es hat also kein üppiges Wachstum mehr stattgefunden, was als Bestätigung für das ausgesprochen hohe Alter der Buche genommen werden kann. Nun gilt es, dem alten Baum ein Mindestmaß an Freiraum zu erhalten, damit er gegenüber dem jungen Buchenaufwuchs nicht ins Hintertreffen gerät.

Standort:

Im unteren Drittel der Waldzunge, die sich vom Lailekopf steil westwärts ins Tal erstreckt. Direkt an einem Viehzaun, der vom weiter oben liegenden Waldrand steil abwärts führt. Ca. 600 m nordwestlich des Wasserbehälters Graben.

Tanzlinde bei Schloss Stetten

Hohenlohekreis
Alter: 300–660 Jahre
Stammumfang (2001): 7,67 m

134

Im Schutz von Schloss Stetten hat eine fast in Vergessenheit geratene geleitete Linde bis in unsere Tage überdauert. Bereits im »Schwäbischen Baumbuch«, verlegt im Jahr 1911, wird sie in einem Nebensatz erwähnt. Heute stellt sie ein seltenes Naturdenkmal oder – je nach Betrachtungsweise – Kulturdenkmal des Hohenlohekreises dar.

Standort:

Vor Schloss Stetten oberhalb Kocherstetten. Auf Privatgrund.

Eiche in Tannheim

Schwarzwald-Baar-Kreis
Alter: 400–440 Jahre
Stammumfang (2001): 7,86 m

135

Die alte Tannheimer Eiche ist die höchstgelegene dicke Eiche, die wir kennen. Sie wächst am Nordrand des gut 730 m hoch gelegenen Schwarzwaldortes. Der untere Abschnitt ihres Stammes wirkt knorrig und gestaucht, was auf ein beträchtliches Alter hinweist. Eine kritische Anmerkung kam allerdings von der Anwohnerin schräg gegenüber. »I wär froh, wenn se oiner mitnemme dät«, meinte sie im Spaß und klagte über das mühsame Zusammenkehren der Laubmassen, die von der Eiche jeden Herbst zu Boden fallen.

Standort:

Am Nordrand von Tannheim, südwestlich Villingen.

Hierahofesche bei Saig

Kreis Breisgau-Hochschwarzwald
Alter: 200–300 Jahre
Stammumfang (2000): 7,01 m

136

Am Hierahof bei Saig, auf einem 945 m hohen Bergrücken des Schwarzwalds, wurzelt die älteste Esche *(Fraxinus excelsior)* Deutschlands. Nördlich gegenüber wölbt sich die 1190 m hohe Kuppe des Hochfirst. Ihr Stamm ist eigentümlich bemoost, in einer Art, wie man es nur auf der netzförmigen Borke von Eschen finden kann. Im Stammsockel befindet sich ein bis unter die Erde reichender Hohlraum, in dem Igel oder Marder einen trockenen Platz finden können. Der Hohlraum entstand bei der Hochzeit von Franz Sales Brugger, einst Gutsherr am Hierahof, als zur Feier des Tages ein hoch explosives Feuerwerk gezündet wurde.

Trotzdem steht die Esche noch fest, ihr Stamm löst sich in 4 m über dem Boden in zahlreiche steil aufstrebende Achsen auf, die weit über 30 m hinaufreichen. In Nachbarschaft zur Esche steht das Zweithaus des Hierahofs, das im typischen Schwarzwaldstil erbaut ist.

Ludwig Klein, Botaniker und Freund der schwarzwälder Baumwelt, vermaß die Esche 1907 mit 4,38 m Umfang. Daraus lässt sich eine erstaunliche Wuchsfreude der Esche sowie ein Alter von rund 250 Jahren ablesen.

Standort:

Am Hierahof bei Saig östlich des Titisees.

Mammutbaum bei Hirsau

Kreis Calw
Alter (2007): 142 Jahre
Stammumfang (2000): 9,00 m

137

Im Jahr 1850 drang die Kunde nach Europa, dass in Amerika ein Wunderbaum entdeckt worden sei. Der englische Botaniker Lobb war in der kalifornischen Sierra Nevada auf Mammutbäume gestoßen, wahre Giganten der Pflanzenwelt mit Wuchshöhen um 100 m, Stammumfängen über 30 m und einem unvorstellbaren Alter bis über 3000 Jahre.

Wie den anderen europäischen Kollegen saß den deutschen Forstleuten noch das Schreckgespenst der Holznot im Nacken. Eilends wurden Samen des Wunderbaums importiert und Versuchspflanzungen angelegt. 2 Mammutbäume der ersten Stunde, vermutlich 1865 in den Kalthäusern der Wilhelma in Stuttgart gekeimt, haben am Lützenhardter Hof bei Hirsau Fuß gefasst. Der dickleibigere der beiden, hier im anschaulichen Größenvergleich mit Bernd Ullrich, gibt schon heute einen Vorgeschmack auf den Riesenwuchs in ferner Zukunft. Augenblicklich hat er einen Stammumfang von 9 m und etwa 35 m Wuchshöhe erreicht.

Kurz nach der Entdeckung der neuen Spezies entbrannte ein heftiger Streit über die Nomenklatur. Englische und amerikanische Systematiker benannten den riesigen Nadelbaum nach ihren jeweiligen Nationalhelden »Wellingtonia« beziehungsweise »Washingtonia«. Durchgesetzt hat sich zuletzt die Bezeichnung *Sequoiadendron giganteum* in Erinnerung an den bedeutenden Halbblutindianer Seqou Yah (1770–1843), der eine eigene Indianerschrift entwickelte. Es war nämlich aufgefallen, dass die Mammutbäume große Ähnlichkeiten aufwiesen mit den damals schon bekannten Küstensequoien *(Sequoia sempervirens)*, die ebenfalls in Kalifornien und entlang der Westküste Amerikas in den zum Pazifik hin offenen Bergtälern gedeihen. Es war übrigens auch eine riesige Küstensequoie im Bundesstaat Kalifornien, auf der die sympathische Baumbesetzerin Julia Butterfly Hill 738 Tage lang ausharrte, um sie vor dem Kahlschlag eines Raubbau treibenden Holzkonzerns zu retten.

Standort:

Bei der Landesklinik Nordschwarzwald, nordwestlich Hirsau.

Eiche vom Emmertshof

Hohenlohekreis
Alter: 350–425 Jahre
Stammumfang (1988): 10,75 m

138

Mit Phantasie betrachtet wirkt die breitkronige Emmertshofeiche wie der Stiefel eines Riesen, der Wurzeln geschlagen hat und nun starke Äste sprießen lässt. Bei einer Kronenhöhe von etwa 20 m durchmessen ihre starken, fast horizontal ausgestreckten Äste eine Distanz von rund 35 m. Hofeichen sind in Süddeutschland eine Seltenheit, weil sie dem Volksmund nach Blitze anziehen. Tatsächlich hat der Blitz die Eiche vor Jahren schon einmal gestreift und eine Narbenspur hinterlassen. Früher stand die Stieleiche *(Quercus robur)* an einem alten Fischerhof, der später dem Straßenbau weichen musste. Nun ist die Eiche von der nahe vorbeiführenden Bundesstraße aus kaum zu übersehen.

Standort:

Am Emmertshof, nördlich der Ausfahrt Neuenstein an der A6.

Große Tanne am Sirnitzpass

Kreis Breisgau-Hochschwarzwald
Alter: 320–400 Jahre
Stammumfang (2001): 6,35 m

139

Wir schreiben das Jahr 1978. Soeben hat Wolf Hockenjos, Forstmann und Baumfotograf im Dienst des Landes Baden-Württemberg, seine zweijährige Bestandsaufnahme der Baumoriginale Baden-Württembergs beendet und im Bildband »Begegnung mit Bäumen« vorgestellt. Die Entdeckung eines ganz besonderen Baumoriginals schildert er zuerst nur dem heimatlichen Schwarzwälder Publikum. In der Zeitschrift »Schwarzwald« schreibt Hockenjos: »Obwohl sie in Sichtweite der Sirnitzpaßstraße steht, harrt die stärkste Weißtanne *(Abies alba)* des Landes noch ihrer Entdeckung durch die Allgemeinheit. Mit ihrem Umfang von 5,5 Metern, einer Baumhöhe von knapp 50 Metern und einer Holzmasse von 43,5 Kubikmetern entthront sie die Große Tanne von Gersbach, die bislang als größte Tanne nicht nur des Schwarzwalds, sondern laut Hinweistafel sogar ganz Westeuropas galt.«
Wie viele andere Tannen in Deutschland, vor allem zahlreiche frei stehende Wettertannen, ist die »Große Tanne« von Gersbach inzwischen abgestorben. Die neue Rekordhalterin am Sirnitzpass grünt zum Glück noch. Sie stockt unmittelbar am Klemmbach, der vom 1114 m hohen Sirnitz ins Tal von Badenweiler fließt, und profitiert hoffentlich auch weiterhin vom reichlichen Wassergenuss und dem geschützten Standort in der Bachmulde.

Standort:

In Sichtweite der Passstraße, unterhalb des alten Forsthauses Sirnitz am Klemmbach, 6 km Luftlinie östlich Badenweiler.

Douglasie in Enzklösterle

Kreis Calw
Alter: 130–140 Jahre
Stammumfang (2001): 5,65 m

140

Die Douglasie *(Pseudotsuga menziesii)* im Kurpark von Enzklösterle, Schwarzwald, hat einen aufgelockerten, breit-ovalen Kronenumriss – ein seltener Anblick bei einem Nadelbaum. Im Jahr 1880 wurde die Exotin angepflanzt und hat sich seitdem prächtig entwickelt. Der Stamm ist im Umfang 5,65 m stark, die Krone dehnt sich 33 m hoch und 25 m breit aus.

Das Ursprungsgebiet der »Douglastanne«, wie sie bei uns gerne genannt wird, liegt in den regenreichen Bergregionen Kaliforniens und Washingtons, wo sie die biomassereichsten Wälder der Erde bildet. Die bis zu 100 m hohen Koniferen – der gemessene Rekord soll sogar bei 133 m liegen – stehen dort extrem dicht zusammen.

Die Anpflanzung der Douglasie in Enzklösterle könnte auf Reichskanzler Otto Fürst von Bismarck (1815–1898) zurückgehen. Er beauftragte die »Deutschen Forstlichen Versuchsanstalten« im Jahr 1880 damit, für 18 aussichtsreiche Exoten – darunter auch die Douglasie – Probepflanzungen anzulegen. Heute trifft man Douglasien immer häufiger in unseren Forsten an. Die beiden höchsten Bäume Deutschlands gehören übrigens auch dieser neuen Baumart an. Sie stehen in Baden-Württemberg und erreichen über 62 m Wuchshöhe.

Standort:

In der Nähe der Kirche von Enzklösterle im Schwarzwald, südwestlich Bad Wildbad.

Lindenlaube in Hollenbach

Hohenlohekreis
Alter: 400–670 Jahre
Stammumfang (1988): 7,80 m

141

Die Lindenlaube in Hollenbach auf der Hohenloher Ebene ist eine ehemalige Versammlungs- und Centgerichtslinde. Hollenbach war Urpfarrei der fränkischen Königsmission und zugleich Centgerichtsort, geschützt durch Mauer und Graben. Eine Frau, die ein uneheliches Kind zur Welt gebracht hatte, soll einer mittelalterlichen Überlieferung nach unter der Linde zum Tode verurteilt worden sein. Vollstreckungsort war ein naher Eichenhain, der noch heute Galgen-Hölzle genannt wird.

Von Anfang an scheinen die Seitenäste der Sommerlinde *(Tilia platyphyllos)* nach Art der Tanzlinden auf einem hölzernen Tragegerüst gelegen zu haben. Im Jahr 1747 schreibt der Hollenbacher Amtmann Rosa über den Holzbedarf für das Tragegerüst, dass »man zu der großen Linden, welche gleichsam der Gemeinde Rathaus ist und alles gemeinde Wesen darunter traktiret wird, wenigstens 30 Stämme nöthig hat.«

Nach dem Ersten Weltkrieg wurde die Gerichtslinde in ein Kriegerdenkmal verwandelt. Die 7 mächtigen horizontalen Äste ruhen seitdem auf 17 Betonsäulen, in die die Namen der 31 Gefallenen eingemeißelt sind. Vor die Linde platzierte man einen Quader aus Muschelkalk mit Lorbeerkranz, Stahlhelm und Eisernem Kreuz sowie dem trotzigen Text:

»Die dankbare Heimatgemeinde – ihren gefallenen Söhnen – im Tode unbesiegt, unvergessen, unverloren«. Die friedvolle Linde konnte dem Tod bis zum heutigen Tag entrinnen. Mitte des 19. Jahrhunderts wurde ihre Krone vom Sturm geknickt, doch die Linde erholte sich davon.

Im August 1979, kurz vor einer offiziell geplanten Sanierung durch Spezialisten, geriet ihr Leben überraschend in Gefahr. Spielende Kinder hatten am Stamm einen klaffenden, 7 cm breiten Spalt entdeckt. Bald wusste es das ganze Dorf, und Bürgermeister, Handwerker und beherzte Bürger versuchten sofort, ein weiteres Auseinanderbrechen zu verhindern. Mit Seilwinden und Stahlketten konnten die betroffenen Äste angehievt und der Spalt nahezu geschlossen werden. Zur Feier des Tages spendierte das »Gasthaus Linde« je 2 Flaschen Bier für alle Beteiligten. Im November 1979 wurde dann die fachgerechte Sanierung durchgeführt, deren positive Auswirkungen bis heute spürbar sind.

Standort:

An der Kirche in Hollenbach nordöstlich Künzelsau.

Speierling bei Ölbronn

Enzkreis
Alter: 180–220 Jahre
Stammumfang (2001): 4,38 m

Ein seltener und zugleich selten schöner Baum steht auf einer Streuobstwiese bei Ölbronn. Es ist ein alter Speierling *(Sorbus domestica)*. Von diesen Obstbäumen gibt es aufgrund der verbreiteten Hochwaldwirtschaft nur noch etwa 4000 ausgewachsene Exemplare. Erst seit einigen Jahren geht eine erfreuliche Welle von Neuanpflanzungen durchs Land. Im Jahr 1993 wurde der Speierling zum »Baum des Jahres« gekürt.

Die Obstbauern in der Wetterau sowie im Rhein- und Maintal haben die sauren Früchte des Speierlings ebenfalls wiederentdeckt,

die dem Apfelwein ein frischeres Aroma verleihen. Schreiner schätzen das schöne, immens schwere Holz des Baumes. Mit einer mittleren Dichte von 0,88 g/cm^3 ist es sogar noch schwerer als Eichenholz, das Dichten um 0,57 g/cm^3 erreicht.

Speierlinge werden erfahrungsgemäß mit 250 Jahren hohl. Der Ölbronner Speierling befindet sich noch auf dem Weg zu dieser Altersmarke. 1954 stand seine Existenz vorzeitig auf dem Spiel. Der Besitzer wollte ihn fällen, und es »bedurfte erheblicher Anstrengungen, um ihn vom Wert und Verbleib seines Speierlings zu überzeugen«, wie ein Beteiligter notierte. Der Einsatz hat sich gelohnt, denn inzwischen sind der Umfang des drehwüchsigen Stammes sowie die Schönheit der Krone konkurrenzlos.

Standort:
150 m südöstlich Ölbronn in Richtung Dürrn.

Ziegelhoflinde bei Ehingen

Alb-Donau-Kreis
Alter: 350–440 Jahre
Staummumfang (1988): 9,45 m

143

Als Forstassessor Otto Feucht 1909 die Schwäbische Alb bereiste, weckte die Ziegelhoflinde seine volle Bewunderung. Ausnahmsweise gleich 2 Aufnahmen von ihr führte er im »Schwäbischen Baumbuch« von 1911 vor. Wie bildschön die alte Hoflinde damals war, zeigt die historische Aufnahme. Erst in den letzten 10 Jahren hat sich das Antlitz der Sommerlinde *(Tilia platyphyllos)* drastisch zu ihrem Nachteil verändert. Die dichte Belaubung ist dahin. Die Linde wirkt müde und kränkelnd, zahlreiche kugelförmige Misteln sitzen wie Todesboten auf den verkahlenden Ästen.

Wenn die Linde gerettet werden soll, müssen die Verantwortlichen schnell handeln. Wahrscheinlich ist der Zerfall im Stammesinneren so weit fortgeschritten, dass die Saftbahnen in Mitleidenschaft gezogen werden. Der Baum benötigt dringend Sanierungs- und Verjüngungsmaßnahmen.

Standort:

Am Ziegelhof 4 km nordwestlich Ehingen (Donau), an der B 465 in Richtung Münsingen.

Eine Fotografie aus besseren Tagen: die Ziegelhoflinde um 1909 – damaliger Umfang 8,45 m. Aus Feucht, 1911.

Schlosskastanie in Weiler

Kreis Heilbronn
Alter: 300–440 Jahre
Stammumfang (2001): 6,82 m

144

Die Rosskastanie *(Aesculus hippocastanum),* benannt nach der nordgriechischen Stadt Kastania, stammt aus den Bergwäldern des Balkan. Etwa ab dem 17. Jahrhundert begann ihr Siegeszug durch die mitteleuropäischen Parks, Alleen und Gärten. Ihre auffälligen, weißen oder rosafarbenen Rispenblüten, ihre rotbraun glänzenden Früchte und die gelbe Laubfärbung im Herbst machten sie bis heute allseits beliebt.

Die Schlosskastanie im »Schwäbischen Baumbuch«. Aus Feucht, 1911.

Eine viel gerühmte und gut dokumentierte Kastanie steht im Schlosspark zu Weiler, einem Ort am Fuß der Löwensteiner Berge, die das Herzstück des Naturparks Schwäbisch-Fränkischer Wald bilden. Otto Feucht und Emil Speidel haben sie im »Schwäbischen Baumbuch«, erschienen 1911, beschrieben: »Auf einem Hügel erhebt sich der riesige Stamm, von einer Holzbank im Viereck umgeben. In 3 m Höhe ist der Stamm schon ganz aufgelöst, drei Hauptstämme wachsen, sich ihrerseits wieder teilend, nach oben, umgeben von einem Kranz auswärts gebogener Äste, von denen ein Teil sich ebenfalls wieder zur Höhe wendet, sodass eine Krone von wunderbar gleichmäßiger Halbkugelform entsteht«.

Die halbkugelförmige Krone ist auch ein knappes Jahrhundert später noch in erstaunlicher Schönheit erhalten. Die im »Schwäbischen Baumbuch« beschworene »Größe und Schönheit, wie sie unerreicht dasteht«, gilt heute umso mehr, denn 1861 besaß die Kastanie einen Umfang von 4,87 m, 1911 waren es 5,40 m und im Jahr 2001 ermittelten wir inzwischen 6,82 m. Wenn die Kastanie stets so langsam gewachsen ist wie in den vergangenen 140 Jahren, dann könnte ihr Alter bis hinauf zu 600 Jahren geschätzt werden.

Das weitere Wohlergehen der Kastanie wird allerdings schon seit einigen Jahren durch einen nach Deutschland eingeschleppten Schädling bedroht – die so genannte Kastanien-Miniermotte, deren Raupen im Sommer zahllose Gänge durch das Blattinnere nagen und bei den befallenen Bäume einen verfrühten Blattwurf verursachen.

Standort:

Im Park von Schloss Weiler nördlich Löwenstein. Auf Privatgrund.

Schinderwasenbuche bei Suppingen

Alb-Donau-Kreis
Alter: 200–300 Jahre
Stammumfang (2001): 7,16 m

145

Die Schinderwasenbuche im Feld bei Suppingen auf der Schwäbischen Alb präsentiert sich im formvollendeten Freistand. Ihr Standort, der »Schinderwasen«, befindet sich in 749 m Höhe. Der Name deutet darauf hin, dass sich hier früher der Tierfriedhof von Suppingen befand. Aus dem voll intakten Erdstamm der Rotbuche *(Fagus sylvatica)* gehen drei mächtige, hellgrau glänzende Astsäulen hervor, die sich in weitere Äste, Ästchen und Zweige zergliedern. Das dunkelgrüne Buchenlaubdach türmt sich im Sommer wie eine Quellwolke am Himmel.

Standort:

Von der Blaubeurer Straße in Suppingen aus (südöstlich Laichingen) dem »Ascher Trieb« 600 m weit folgen.

Lenzeiche bei Sichertshausen

Main-Tauber-Kreis
Alter (2007): 270 Jahre
Stammumfang (1996): 6,50 m

146

Die Lenzeiche bei Sichertshausen im Hohenlohischen hebt sich in zweierlei Hinsicht von anderen Eichen ab. Zum einen ist sie eine der wenigen Eichen, deren Äste durch Stangen abgestützt werden. Zum anderen erblickt man in ihr einen alten Centbaum, der früher dazu diente, das Centgericht einzuberufen.

Hören wir dazu den Baumkenner Wolf Hockenjoß, der den alten Rechtsbrauch in lebhaften Worten schildert. »Die Szenerie ist voll spukhaft raunender Mystik: Überwachsene Hofstellen eines abgegangenen, öden Weilers, daneben die Alteiche. Es nahen drei Reiter: der Gerichtsdiener, Knecht des Centgerichts, in seiner Begleitung der Totengräber und der Flurer (Feldschütze). Der Centknecht steigt vom Pferd, tritt an den Stamm der Eiche heran und ruft mit weit hallender Stimme: 'Stehet auf, ihr Toten, und kommt zum Gerichte!' Noch während er ruft, nimmt er ein Beil zur Hand und haut einen Span aus dem zernarbten Stamm. Den Span versieht er mit einer Zahl und verwahrt ihn sodann sorgsam. Nun setzten die drei ihren Ritt fort. Ihr Weg ist seit unvordenklicher Zeit auf das genaueste vorgeschrieben. Binnen vierundzwanzig Stunden muss der Gerichtssprengel, die Cent, umritten sein. Auf der Centgrenze stehen die Centbäume im Abstand von jeweils einer knappen Wegstunde; vor jedem wiederholt sich das seltsame Ritual – zusammen nicht weniger als hundertmal. Das Centgericht ist einzuberufen, und geladen sind nicht nur die Lebenden; beschrien werden auch die Toten.

Am Gerichtsplatz eingetroffen, bilden die geladenen 'Centverwandten' um die Schöffen und den Centgrafen einen Kreis. Die Anwesenheit wird durch Verlesen der Orts-

Die Lenzeiche ist einer der wenigen Centbäume, die in Deutschland noch bekannt sind.

namen festgestellt; werden die 'öden Weiler' aufgerufen und Orte, aus denen keiner erschienen ist, so wird stellvertretend der Span in den Kreis geworfen, den der Centknecht dem dortigen Centbaum entnommen hat. Tags darauf, wenn das Urteil gesprochen und der Delinquent seiner Strafe zugeführt ist, macht sich ein zweiter Bote auf den Weg, um die Späne dort, wo sie herausgebeilt wurden, wieder einzupassen. Passt der Span, so ist der Aufruf nachweislich ordnungsgemäß erfolgt, so war das Beschreien der Cent auch in ihren entlegenen Ecken zu hören gewesen.«

Bis ins 19. Jahrhundert hinein hatten im Hohenlohischen und im Taubergrund die Centgaue Bestand. Als junger Baum mag die Lenzeiche also wirklich eine der Stützen der altfränkischen Rechtspflege gewesen sein. Ihr Alter wurde vor einigen Jahren durch eine Bohrspanentnahme exakt nachgewiesen. Heute ist sie 270 Jahre alt und bezaubert den Besucher mit ihrem vielarmigen, insgesamt pilzförmigen Kronenaufbau. Ihr Geäst reicht 25 m hoch und 30 m in die Breite.

Standort:

An der Straße nach Bartenstein im Feld südlich Sichertshausen.

Gerichtslinde in Mönchsdeggingen

Kreis Donau-Ries
Alter: um 400 Jahre
Stammumfang (2003): 9,88 m

147

Die ehemalige Gerichts- und Tanzlinde in Mönchsdeggingen am Nördlinger Ries verdankt einem naturliebenden Menschen ihr Überleben. Früher besaß die mächtige Sommerlinde *(Tilia platyphyllos)* 3 Stämmlinge, von denen einer um das Jahr 1800 ausbrach. Das ungeschützte Innere vermorschte und die Linde drohte der um sich greifenden Fäulnis der Holz zerstörenden Pilze zum Opfer zu fallen. Eine Betonplombe in der Höhlung – wie wir heute wissen, eine schädliche Maßnahme – verschlimmerte ihren Zustand weiter, doch niemand wollte das Geld aufbringen für die mit 4000 DM veranschlagte Sanierung.

Der ehemalige Pfarrmesner Wiedemann, Empfänger einer minimalen Invalidenrente, fasste sich ein Herz und sparte jahrelang, um den Betrag zusammenzubringen. Nach 6 Jahren gab er 1967 die Sanierung in Auftrag, wobei auch Gemeinde und Kreistag einen Zuschuss gewährten. Die Verarztung und die Abstützung des zur Seite geklappten Stämmlings ist dem Lindenbaum sichtlich gut bekommen. Man sollte Bäume nicht vermenschlichen, aber ausnahmsweise möchten wir der betagten Linde ein Wort »in den Mund legen«: Danke!

Standort:

In der Ortslage von Mönchsdeggingen nordwestlich Donauwörth.

Schlosslinde in Alfdorf

Rems-Murr-Kreis
Alter: 400–410 Jahre
Stammumfang (1996): 11,00 m

148

Im Jahr 1836 erfuhr die Sommerlinde *(Tilia platyphyllos)* im Unteren Schloss in Alfdorf erstmalig öffentliche Beachtung. In seinen »Forstlichen Mittheilungen« berichtet Dr. W. H. Gwinner, Professor der Forstwissenschaft zu Hohenheim: »In Alfdorf, einer freiherrlich von Holtzschen Besitzung, zog die im Schloßgarten stehende schöne Linde unsere Aufmerksamkeit auf sich. Nach den von uns angestellten Messungen hat sie 110 Fuß (32 m) Höhe und bei 4 Fuß über der Erde 21 Fuß (rund 6 m) Umfang; ihre schönste Zierde besteht aber darin, daß sich der Schaft oberhalb des untersten Astkranzes wieder ganz gerade und frei erhebt und daß erst weiter oben die eigentliche Krone beginnt. Den Massengehalt dieser Linde schätzten wir auf 15–18 Klafter (58–70 Kubikmeter).«

Mit dem Massengehalt und dem ganz gerade und frei sich erhebenden Schaft war es 1885 vorbei. Durch Blitzschlag wurde der Baum regelrecht geköpft und sein Stamm in mehrere Teile gespalten. Offenbar nur der unterste Astkranz, der heute durch Holzsäulen abgestützt ist, überlebte die Katastrophe.

Nach Auskunft des Eigentümers, Freiherrn von Holtz, wurde im Jahr 1908 eine junge Linde zwischen die verbliebenen Stammteile gepflanzt, die heute am Aufbau der Gesamtkrone beteiligt ist. Auch wenn es sich nach der Volksmeinung um eine »1000-jährige« Linde handeln soll, den soliden Aufzeichnungen aus dem Jahr 1836 zu Folge ist dies zu hoch gegriffen. Ein Alter von unter 500 Jahren erscheint plausibel.

Im Schlosspark finden sich noch andere bemerkenswerte Bäume, darunter eine Esche mit über 6 m Stammumfang.

Standort:

Im Park des Unteren Schlosses in Alfdorf nordwestlich Schwäbisch-Gmünd. Auf Privatgrund.

Linde in Wiesenbach

Kreis Schwäbisch Hall
Alter: 400–440 Jahre
Stammumfang (1996): 9,65 m

149

Die Winterlinde *(Tilia cordata)* in Wiesenbach ist eine dendrologische Kostbarkeit des Hohenloher Landes. Lange soll sie eine Hoflinde gewesen sein. Doch der Hof, zu dem sie gehörte, wurde während des Dreißigjährigen Krieges (1618–1648) verlassen. Weitere 3 Jahrhunderte vorher, im Jahr 1350, soll die uralte Linde in den Hohenloher Lehensbüchern erwähnt worden sein. Unter diesen Umständen wäre sie womöglich eine echte »Tausendjährige«.

Es ist reizvoll, wie sich die kleine, geduckte Winterlinde bis in unsere Tage ihre Form und Schönheit erhalten konnte. Trotz ihres hohen Alters und dem durch Blitzschlag zweigeteilten Stamm ist ihre Gesamtstatur ausgesprochen harmonisch. Die Krone weist eine pyramidale Form auf, was an die Primärkrone junger Linden erinnert.

Standort:

An der Ortsdurchfahrt von Wiesenbach in Richtung Schmalfelden.

Walkstetter Linde bei Bernstadt

Alb-Donau-Kreis
Alter: 300–475 Jahre
Stammumfang (2001): 7,12 m

150

Im Feld bei Bernstadt trifft man auf eine wundersame Baumgestalt: die auf hölzernen Pfosten abgelegte Walkstetter Linde. Ihre untersten Äste senken sich zunächst »gramvoll« nach unten, um sich dann mit einem Ruck schwungvoll nach oben zu wenden. »Der zerfurchte, faltige und beulige Stamm vermittelt zusammen mit den sich weit ausdehnenden Ästen den Eindruck eines erstarrten Polypen«. So beschreibt Hans Joachim Fröhlich es in seiner mehrteiligen Buchreihe »Wege zu alten Bäumen«.

Standort:

Im Feld westlich von Bernstadt, 200 m südlich der Straße nach Westerstetten.

Gerichtslinde in Kirnbach

Ortenaukreis
Alter: 400–430 Jahre
Stammumfang (2000): 9,51 m

151

Unter der uralten Gerichtslinde im Schwarzwalddorf Kirnbach fanden früher die Gerichtstage des freien Reichstales Harmersbach statt. Bauern hatten dieses Tal 1655 eigenmächtig zum freien Reichstal erklärt und damit eine Art Bauernrepublik geschaffen, die immerhin bis 1803 Bestand hatte. Die auf ein Alter von bis zu 600 Jahren veranschlagte Sommerlinde *(Tilia platyphyllos)* soll einst vom Blitz gespalten worden sein. Sie entfaltet nach wie vor eine erstaunlich hohe Krone.

Standort:

Neben der St.-Michaels-Kapelle in Kirnbach nordöstlich Zell.

Esche am Schloss Solitude

Stadtkreis Stuttgart
Alter: 200–230 Jahre
Stammumfgang (2001): 5,65 m

152

Staatsempfang für einen Baum! – so möchte man als Baumliebhaber ausrufen, wenn das Auge auf die stattliche Esche *(Fraxinus excelsior)* und das dahinter liegende Schloss Solitude in Stuttgart fällt. Das 1768 erbaute Schloss dient als grandiose Kulisse für politische und gesellschaftliche Empfänge, und so mancher illustre Gast mag in einem ruhigen Augenblick vom politischen Parkett herab die vollkommene Harmonie von Baum und Bauwerk genossen haben.

Standort:

Vor Schloss Solitude südwestlich Stuttgart.

Silberpappel bei Boll

Kreis Göppingen
Alter: 150–180 Jahre
Stammumfang (2005): 6,14 m

153

Unter der Bezeichnung »Württembergisch Wunderbad« wurde Boll bereits im Jahr 1595 bekannt. Herzog Friedrich I. hatte nach Salzvorkommen bohren lassen und dabei nicht nur Salz- und Schwefelquellen zu Tage gefördert, sondern auch Aufsehen erregende Versteinerungen von Meerestieren. 1823–25 ließ König Wilhelm I. Bad Boll nachklassizistisch erweitern. Das Kurhaus in seiner heutigen Form, weitläufige Parkanlagen, die Wandelhalle und das Belvedere entstanden zu dieser Zeit. Aber auch eine kleine Trinkanlage wurde damals angelegt, wo Kurgäste sich auf ihren Spaziergängen erfrischen konnten. Sie befand sich etwa dort, wo heute die Silberpappel steht. Ein Schweizer Senner, der 1826 eigens als Ziegenkäseproduzent in die Stadt geholt worden war, lieferte frische Molke als Trinkkur. Besonders für »Schwächliche, Brustkranke« und zur »Blutreinigung« sollte die Molke gut sein.

Um 1860 existierte die Trinkhalle bereits nicht mehr. Auf einem Kupferstich aus diesem Jahr fehlt das Gebäude, aber auch die Silberpappel. Man kann darüber ins Grübeln kommen, ob der Baum wohl aus künstlerischer Freiheit weggelassen wurde oder tatsächlich erst später gepflanzt wurde. Heute geht der Blick von den Ruhebänken aus über die Albschwelle hinweg und wunderbar weit hinaus ins Tal. Die Burgruine Hohenstaufen, vorgelagert auf einem 684 m hohen Randberg, ist in der Ferne zu erkennen. Dort lag vom 11. bis ins 13. Jahrhundert der Stammsitz des berühmten schwäbischen Königs- und Kaisergeschlechts, der Staufer. 1852 übernahm der berühmte Pfarrer Johann Friedrich Blumhardt das Kurhaus. Er widmete sich, ab 1880 gemeinsam mit seinem Sohn,der Behandlung seelisch und körperlich Erkrankter aus allen sozialen Schichten. Es ist überliefert, dass viele allein durch Gebet und Handauflegung gesund wurden. Nach dem Zweiten Weltkrieg setzte sich die christliche Tradition der Stadt fort. Die Zentrale der Herrnhuter Brüdergemeinden siedelten sich, von Sachsen kommend, hier an. Im Herbst herrlich farbenfroh und sommers geheimnisvoll in silbrig glänzendem Laub, hat die schöne Pappel einen wundervollen Teil der Ortsgeschichte miterlebt und auch Glück gehabt: Eine kürzlich vom Gemeinderat beschlossene Fällung konnte dank Bürgerprotesten in letzter Sekunde verhindert werden. Nur einige Gipfeläste wurden entfernt.

Standort:
Am oberen Ortsausgang von Boll, rechts (westlich) der Gruibinger Straße.

Linde in Burgstall

Kreis Ansbach
Alter: um 350 Jahre
Stammumfang (2006): noch 8,71 m

154

Burgstall wurde 1142 erstmalig urkundlich erwähnt. Der Stauferkönig Konrad III. kam damals nach Rothenburg ob der Tauber und ließ 20 Güter erbauen, um seine Soldaten zu versorgen. In allen Fällen bis auf einen entstanden aus diesen Gütern später Dörfer. Nur Burgstall blieb, was es war. Die Schafzucht war hier einmal ganz groß: 450 Tiere bevölkerten die Weiden in den besten Jahren. Ein Kaufbrief aus dem Jahr 1650 bezifferte den Wert des Gutes auf 95 000 Gulden (entspricht heute rund 190 000 Euro).

1850 erwarb der Ökonomierat Friedrich Pabst, Abgeordneter der Frankfurter Nationalversammlung, Mitbegründer der Deutschen Landwirtschaftsgesellschaft (DLG) und Freund Otto von Bismarcks das Gut und seine Ländereien, wozu auch die Linde gehörte. Vielleicht war Pabst ein ähnlich großer Baumfreund wie Bismarck, der seinen Amtsnachfolger scharf tadelte, als dieser die alte Allee vor seinem ehemaligen Amtszimmer umhauen ließ, nur um »un poco piú di luce« zu gewinnen.

Standort:
In Burgstall südwestlich Rothenburg ob der Tauber.

Von der Rhön zum Bayerischen

Kreuzeiche bei Hürbel

Kreis Ansbach
Alter: 300–430 Jahre
Stammumfang (1993): 6,70 m

155

Nordwestlich von Ansbach erhebt sich der Bocksberg, ein langgestreckter Ausläufer der Frankenhöhe. Oben auf dem Höhenrücken in gut 500 m Höhe zieht eine markante Baumgestalt die Blicke auf sich: die Kreuzeiche.
Ihren Namen verdankt die Traubeneiche *(Quercus petraea)* vermutlich 2 Tatsachen. Zum einen steht sie an einer Kreuzung alter Handelsstraßen. Die alten Höhenwege von Steinersdorf nach Hinterholz und von Lehrberg nach Neudorf kreuzen sich hier. Zum anderen ist das Motiv des Kreuzes in ihrer ungewöhnlichen Kronenarchitektur wiederzuerkennen.
Die Eiche hat viele Bewunderer. In schöner Symmetrie deuten die beiden untersten Starkäste genau nach Norden und Süden. Die historische Aufnahme beweist, dass die Eiche um das Jahr 1900 herum den Zenit ihrer Wuchskraft und Schönheit erreicht hatte. Der nach Süden gerichtete waagerechte Ast legte damals bei 1 m Stärke 20 m weit aus, der gegenüberliegende etwas schmalere Ast deutete 17 m weit nach Norden. Bei einem Stammdurchmesser von gut 1,5 m betrug der Kronendurchmesser dieser Eiche also unglaubliche 39,5 m.

Einen solchen Kronendurchmesser haben wir bisher bei keiner Alteiche Deutschlands wieder finden können, was uns nachdenklich stimmt. Ist es möglich, dass die Umweltbedingungen unserer Zeit ein solches Wachstum und eine solche Kronenstabilität nicht mehr zulassen?
Die Kreuzeiche scheint nur langsam zu wachsen. In 2 m Stammhöhe hatte sie vor 100 Jahren etwas über 5 m Umfang. Heute sind es in dieser Höhe 6,50 m. Ein Alter von über 400 Jahren wird damit plausibel.
Es heißt auch, dass die Kreuzeiche zu den Überresten einer kleinen Klosteranlage gehört, die dem heiligen Burkhard zu Ehren um das Jahr 1430 errichtet wurde.
Zeitlos sind dagegen die Legenden, die sich um die einsame Solitäreiche ranken.
Der ruhelose Fuhrmann Hans Hoi, ein Reiter auf »schwarzem Rappen« mit seinem Haupt unterm Arm, soll in der Adventszeit seine wilde Fahrt allnächtlich an der Kreuzeiche beginnen. Um den Bocksberg herum und wieder zurück zur Eiche soll er galoppieren und dabei sein sechsspänniges Fuhrwerk neben sich herhetzen.

Standort:

Am alten Höhenweg Lehrberg – Neudorf, oberhalb von Hürbel, südwestlich Lehrberg.

Die Kreuzeiche vor 100 Jahren: damaliger Kronendurchmesser 39,5 m. Aus Stützer, 1902.

Kunigundenlinde bei Burgerroth

Kreis Würzburg
Alter: 400–500 Jahre
Stammumfang (2001): 9,95 m

156

Auf dem Altenberg bei Burgerroth steht vor der 1230 erbauten Heidenkirche, umrahmt von einer aus Feldsteinen errichteten Trockenmauer, eine uralte Linde. So wie die berühmte Kasberger Linde wird sie mit der heiligen Kunigunde in Verbindung gebracht, die um das Jahr 1000 herum den späteren Kaiser Heinrich II. heiratete. Der Sage nach verfing sich einer von 3 Schleiern, die Kaiserin Kunigunde vom Bamberger Dom hoch in den Wind geworfen hatte, im Geäst der Linde. Wie sie es gelobt hatte, soll Kunigunde am Fundort des Schleiers eine Kapelle gestiftet haben. Die zerklüftete und vierteilig nach außen triftende Linde wurde vor rund 50 Jahren in 3 m Höhe abgeschnitten, wohl aus Angst, die voluminöse Krone durch Bruch zu verlieren. Nach einer fachmännischen Sanierung im Jahr 1969 wiederholte sich diese Verschandelung wider besseren Wissens ein zweites Mal: Die Untere Naturschutzbehörde beim Landratsamt Würzburg ließ im Herbst 1978 alle Äste bis auf den Stumpf absägen und die Schnittflächen mit roter Farbe bepinseln.

Standort:

Neben der Heidenkirche auf dem Altenberg südlich Burgerroth.

Wolframslinde in Ried

Kreis Cham
Alter: 500–670 Jahre
Stammumfang (2000): 12,30 m

157

Die Wolframslinde am Dorfplatz von Ried, 553 m hoch im Bayerischen Wald gelegen, trägt den Namen des Parzifal-Dichters Wolfram von Eschenbach. Der Dichter, der etwa 1170 bis 1220 lebte, weilte um 1200 auf der 2 km nordwestlich gelegenen Burg Haidstein, um der Markgräfin Elisabeth von Vohburg-Cham den Hof zu machen. Wer weiß, vielleicht empfing der Dichter einige seiner Inspirationen über den Lebensweg des Gralsritters Parzifal im Schatten dieser Linde?

Der Volksmund spricht gerne in runden Zahlen, doch auch die gewaltigen Dimensionen der Sommerlinde *(Tilia platyphyllos)* legen ihr ein sagenhaftes, möglicherweise sogar 1000-jähriges Alter nahe. Ihr Stamm ist innen seit langer Zeit hohl. Ein Leinenweber soll einmal seinen Webstuhl darin aufgestellt haben, heißt es. Der Stammsockel wölbt sich knorrig nach außen und weist zahlreiche Öffnungen auf. Von jeder Seite aus bietet sich dem Betrachter ein neues Bild. Von der Vorderseite aus macht der Baum einen ziemlich geschlossenen Eindruck. Von der Rückseite dagegen sieht es so aus, als stehe er auf hölzernen Stelzen.

Schon um die 19. Jahrhundertwende wurde der gewaltige Baum bewundert. »Kein müder Greis, gebeugt von der Fülle der Jahre, sondern ein herrlicher, kraftstrotzender Baum«, so schwärmte man für die Linde und attestierte ihr einen damaligen Umfang von 14 m in Brusthöhe.

Im Jahr 1950 wurde die Hauptkrone bei Stürmen stark beschädigt. Jüngere Bäume in der Nachbarschaft bedrängten zudem die betagte Linde und drohten sie mit ihren aufstrebenden Kronen zu überschatten. Doch das natürliche Ende, das jeden Urwaldbaum in ähnlicher Situation ereilt hätte, blieb dem einzigartigen Naturdenkmal dank dem Eingreifen des Menschen erspart. Bei einer Sanierung im Jahr 1967 wurde die Linde wieder freigestellt. Am Baum entfernte man morsches Stammholz, stützte und stabilisierte Stamm und Äste und reicherte den im Lauf des langen Baumlebens ausgezehrten Boden durch eine Tiefenvorratsfütterung mit neuen Nährstoffen an. Wie die Aufnahmen aus dem Jahr 2000 belegen, haben die Maßnahmen die Vitalkräfte der Linde zu neuem Wachstum angeregt. Der alljährlich grünende und blühende Lindenmethusalem geht mit frischen Kräften in ein neues Jahrtausend.

Lichtdrucktafel der Wolframslinde aus dem Jahr 1902. Aus Stützer, 1902.

Standort:

Auf dem Dorfanger in Ried nordwestlich Kötzting.

Diese Zeichnung von Hans Schaefer zeigt die damals noch vitale Kunigundenlinde im Jahr 1932. Aus Müller, 1971.

Kunigundenlinde zu Kasberg

Kreis Forchheim
Alter: 500–580 Jahre
Stammumfang (2000): noch 8,00 m 158

Die alte Kunigundenlinde zu Kasberg, eine Stein- oder Winterlinde *(Tilia cordata)*, ist eine echte Baumberühmtheit. Seit die legendäre »Älteste Linde Deutschlands zu Staffelstein« Mitte der 1980er-Jahre endgültig auseinanderbrach, ist die Kasberger Linde der wohl älteste und denkwürdigste Baum in der Fränkischen Schweiz. Der Sage nach soll die heilige Kunigunde, Gemahlin von Kaiser Heinrich II. (973–1024), die Linde zu Kasberg eigenhändig gepflanzt haben.

Aus der Chronik erfahren wir, dass der Landrichter von Auerbach im 13. Jahrhundert »zu Kasberg bei der noch stehenden Linde unter dem freien Himmel Schrannengericht mit ganzem Gerichtsstab« gehalten hat. Interessant ist die Formulierung »bei der noch stehenden Linde«, denn sie könnte genau so gut für den heutigen Zustand der Kasberger Linde verwendet werden: ausgehöhlt, verwittert und nach Westen hin tief gebeugt steht die Linde vor uns, greisenhaft gestützt von eisernen Stangen.

Ist aber wirklich von derselben Linde die Rede? Die Kunigundenlinde steht auf einem Hochplateau des Jura, der Boden ist steinig, mit wenig Mergel und arm an Nährstoffen. Vielleicht verlief ihr Wachstum und der sich anschließende schleichende Verfall nur sehr langsam? Der Pionier der Baumfotografie, Friedrich Stützer, erwähnt 1902, dass »vor etwa 50 Jahren noch zwei große Linden neben unserer Linde gestanden haben (also um 1850)«. Ein noch älteres Dokument gibt allerdings Rätsel auf. Im »Allgemeinen Oekonomischen Forst-Magazin« aus dem Jahr 1764 werden nur 2 mächtige Linden erwähnt, die »obere« und die »untere Linde«. Die obere Linde »ist völlig hohl und schon zweimal ausgebrannt« und »ein ziemlich großer Mann habe vor einigen Jahren hindurchreiten können«, heißt es dort. Diese obere Linde wird mit einem Umfang von 45 Schuh (rund 13,5 m) und einer Höhe von 60 Schuh (rund 18 m) beschrieben, wobei sich diese Größenangaben und die vorherige Beschreibung wiederum auffallend gut mit dem Aussehen der heutigen Kasberger Linde decken.

Über die untere Linde heißt es, dass sie »einige Schritte entfernt steht und von außen noch völlig gesund aussieht«. Sie wird mit 28 Schuh Umfang (rund 8,4 m) und 70 Schuh Höhe (21 m) angegeben. Für den Skeptiker drängt sich der Verdacht auf, dass im Laufe der Jahrhunderte auf dem historischen Gerichtsplatz mehrere verschiedene Linden als »Alte Linde« gegolten haben. Die jetzige Linde könnte dann die »untere Linde« aus dem Jahre 1764 sein, die damals schon 8,4 m Umfang hatte.

Wenn man sich allerdings die unglaubliche Regenerationsfähigkeit der Linde vor Augen hält, so könnte auch das Unglaubliche wahr sein. Dann nämlich wäre die Kunigundenlinde wirklich vor mehr als 1000 Jahren gepflanzt worden und hätte, hohl und ausgebrochen, durch alle Jahrhunderte hindurch Sturm, Kälte und Brand widerstanden.

Im Volksmund wird sie auch »Franzosenlinde« genannt. Französische Truppen zogen erstmalig 1796 durch Kasberg, wobei Soldaten mit einer Kanone auf die Linde geschossen haben sollen. Als im Jahr 1806 abermals Soldaten vorüberzogen, wurde sie in Brand gesteckt. Heute stellt sich die Linde als ein Relikt ehemaliger Größe dar. Trotz einer fachgerechten Sanierung im Jahr 1976 schrumpft sie von Jahrzehnt zu Jahrzehnt. 1987 betrug der Stammumfang noch 11,20 m, heute sind davon 8 m übrig geblieben.

Standort:

Auf einer Wiese am westlichen Ortsrand von Kasberg nordwestlich Gräfenberg.

König-Ludwig-Eiche in Bad Brückenau

Kreis Bad Kissingen
Alter: 300–350 Jahre
Stammumfang (2001): 7,00 m

159

König Ludwig I. von Bayern (1786–1868), seinerzeit ein großer Förderer der Künste und Wissenschaften, stellte die alten Eichen im Staatsbad Brückenau in weiser Voraussicht unter besonderen Schutz. Unter seiner Lieblingseiche, die früher auch »Stolze Eiche« hieß und heute nach ihm benannt ist, brachte er viele schöne Mußestunden zu. Wie eine Informationstafel verrät, schrieb er hier im Juli 1840 das Gedicht »Unter der großen Eiche im Bade Brückenau«. Den genauen Wortlaut des Gedichts bleibt die Tafel allerdings schuldig.

Möglicherweise war das Gedicht nicht ganz so königlich wie sein Verfasser?

Die Stieleiche *(Quercus robur)* wirkt im unteren Kronenteil extrem unsymmetrisch, mehrere Äste legen einseitig waagerecht aus und sind auf 2 Holzmasten und 3 Eisenstäben abgelegt – eine Seltenheit für Eichen. Im Jahr 1901 war der Baum im Umfang noch 5,33 m stark, was den Rückschluss auf ein Alter von etwa 400 Jahren erlaubt.

Standort:

Auf der Übersichtstafel des Staatsbades Brückenau ist die Eiche unter der Nr. 18 verzeichnet.

Bavariabuche bei Pondorf

Kreis Elchstätt
Alter: 200–360 Jahre
Stammumfang (1988): 8,90 m

160

Die Bavaria-Buche in der Feldmark bei Pondorf gilt nicht nur als Wahrzeichen und Schutzpatronin Bayerns, sie ist zugleich der Lieblingsbaum vieler Baum- und Naturfreunde unseres Landes.

Durch die Farbposter des GEO-Magazins wurde die großartige Rotbuche *(Fagus sylvatica)* mit dem steinpilzförmigen Wuchs deutschlandweit bekannt.

Auch via Television wurden Bilder der Buche ausgestrahlt. Die vollkommen harmonische Gestalt der Bavariabuche wurde mit der Idee einer ökologischen Lebensweise verbunden und avancierte zum Symbol einer neuen, feinverästelten Ökologie und Naturliebe.

Wer immer dieser Buche begegnete, war beeindruckt. Sie steht frei in einer flachen Mulde, umgeben von Getreidefeldern und Hopfenpflanzungen. Während Rotbuchen im schattigen Waldverband auf schlankem Stamm nur kleine Wipfel tragen, hatte die allseitig besonnte Bavariabuche eine weit ausladende und tief herunterreichende Krone ausgebildet und beschattete sich dadurch selbst. »Die West- und Wetterseite der Buche ist flach, gleichsam vom Wind gestutzt. Die Ostflanke hingegen reckt sich weit und behaglich gegen die Felder«, hieß es. Ihre halbkugelförmige Krone maß 84 m im Umfang und bedeckte im Ganzen eine Fläche von 600 qm. Helmut Dollhopf und Herbert Liedel haben ihr 1988 ein ganzes Buch gewidmet und es »Die Bavaria-Buche – Der Traum vom Baum« betitelt.

Doch kein Traum währt ewig. Mitte der 90er-Jahre vermeldete GEO die traurige Nachricht: Die Buche ist todkrank. Der Holz zersetzende

Die Bavariabuche im Jahr 1988: eine Perle des Naturparks Altmühltal.

Brandkrustenpilz wütet in Stamm und Geäst und sorgt seitdem für überraschende Astbrüche. Im Juli 1995 brach ein starker Seitenast bei völliger Windstille ab. Im Januar 1999 ging ein zweiter Starkast zu Boden. Der Abgesang der Schönen hatte unwiderruflich begonnen.

Das Informations- und Umweltzentrum Naturpark Altmühltal, das Forstamt Beilngries und die Naturschutzbehörden haben nun

das Projekt »Kinder der Bavaria-Buche« ins Leben gerufen. Der Baum soll nicht zu einer »technischen Karikatur« verkommen, künstlich aufrecht gehalten mit Hilfe von Kunststoffseilen und Metallkorsett.

»Das Sterben, auch das eines Baum-Unikums, wird heute verdrängt und tabuisiert, denn der moderne Mensch weigert sich, die Naturgesetze zu akzeptieren, die ihn betreffen und ebenso alle anderen Lebewesen«, so stellten die Initiatoren des Projektes fest und entschieden sich für einen anderen Weg. Die Buche wurde mit einem Holzgatter umgeben und wird, wenn ihre Zeit gekommen ist, in Würde sterben können. Aber nicht ganz! Das Jahr 1999 war ein gutes Samenjahr. Unter der Bavariabuche wurden Netze ausgelegt, um die Bucheckern zu sammeln und anschließend in einer Baumschule zum Keimen zu bringen. Gegen eine Spende von 35 DM konnten die »Kinder der Bavaria-Buche« erworben und im Altmühltal ausgepflanzt werden. 2006 riss ein Sommersturm die halbe Krone der Bavariabuche zu Boden.

Standort:

An einem Sträßchen, das 300 m nördlich von Pondorf (südöstlich Beilngries) von der B 299 westlich zum Stenzenhof abzweigt.

Tanzlinde zu Effeltrich

Kreis Forchheim
Alter: 400–670 Jahre
Umfang (1987): 7,77 m

161

Dorfleben unter der Tanzlinde. Aus Stützer, 1900.

Das Schicksal der alten Sommerlinde *(Tilia platyphyllos)* auf dem Dorfplatz in Effeltrich ist eng mit der Ortstradition verknüpft. Hinter dem Ortsnamen Effeltrich verbirgt sich die Bedeutung »apfelreich«. So wurden die jungen, senkrechten Triebe der geleiteten Linde zur Gewinnung von Bast für Veredlungen in der Apfelzucht verwendet. Daneben diente die imposante Tanzlinde stets als zentraler Versammlungs- und Gerichtsort sowie als Fest- und Tanzplatz. Im 19. Jahrhundert fanden unter der Linde romantische »Mondscheinnächte« mit Musik und Gesang statt, die das akademische Publikum aus der Universitätsstadt Erlangen anlockten.

Die flach-ovale Krone der vitalen Linde ruht auf einem ringförmigen Balkengerüst, das von 24 Stützen getragen wird. Damit der Baum nicht an Wassermangel leidet, hat man ihn neuerdings außerhalb des Kronenbereichs mit einem lückenreichen Pflaster umgeben. Eine sinnvolle Maßnahme, denn Wurzeln der Linde wurden einmal in einem 40 m entfernten Misthaufen entdeckt.

Standort:

Auf dem Dorfplatz gegenüber der alten Wehrkirche in Effeltrich.

Kaisereiche bei Füttersee

Kreis Kitzingen
Alter: 350–400 Jahre
Umfang (2001): 7,92 m

162

Oberhalb von Füttersee im Steigerwald erhebt sich auf einer Wiese vor dem Waldrand weithin sichtbar die Kaisereiche. Der Baum thront landschaftsprägend über dem kleinen Ort, sein Name ruft Erinnerungen an den großen Kaiser Karl wach. Auffallend an dieser Stieleiche *(Quercus robur)* ist ihr kraftvoller Stammansatz. Mächtige Wurzelausläufer verankern den Baum im Boden. Der Schaft ist bis in 6 m Höhe astfrei, von früheren Seitenästen sind nurmehr die ausgehöhlten Schnittflächen sichtbar. Die hohe, locker-kugelförmige Krone wird heute aus schlankeren Ästen gebildet.

Standort:
Oberhalb Füttersee nordöstlich Geiselwind, auf einer Wiese vorm Waldrand.

Grottenthallinde bei Fronau

Kreis Schwandorf
Alter: 300–400 Jahre
Umfang (2001): 10,08 m

163

Am Rand eines Gehöftes bei Fronau, an der Grenze zwischen Oberpfälzer und Bayerischem Wald, steht die so genannte Grottenthallinde. Ihre dichte, fast jugendlich wirkende Krone beschattet ein Gehege, in dem eine Herde Muffelwild gehalten wird. Die unteren Blätter und Zweige scheinen regelmäßig von den Tieren abgezupft zu werden, sodass die Unterseite der tief reichenden Krone schnurgerade waagerecht verläuft (Foto unten).

Standort:
200 m westlich der Landstraße von Neukirchen-Balbini nach Fronau an einem Gehöft.

Riesenbuche bei Oberbach

Kreis Bad Kissingen
Alter: 200–340 Jahre
Stammumfang (2001): 6,85 m

164

Im Mittelalter nannte man die Region zwischen Rhön und Vogelsberg auch Buchonia – Land der Buchen. Überall erstreckten sich ausgedehnte, unberührte Buchenwälder. Die himmelwärts strebenden gotischen Kathedralen mit ihren Spitzbögen sollen diesen Wäldern nachempfunden sein. Ehrfurchtsvoll sprach man deshalb auch von »Buchendomen«.

»Die Rhön ist schön«, so wirbt die Region zu Recht für ihr landschaftlich reizvolles Biosphärenreservat. Und auch manche Rhönbuche ist schön, darf angemerkt werden.

Am birkengesäumten Waldrand oberhalb des Bauernhofs Ziegelhütte hat eine dieser urwüchsigen Buchen Wurzeln geschlagen. Zum freien Feld hin ist der Wurzelteller besonders ausgedehnt. Bis zu 6 m weit »fließen« die knorrigen Wurzeln über die Erdoberfläche, um dann ins Erdreich abzusinken. Der Stamm ist kurz und gedrungen und bis auf wenige Morschungen vollholzig. Wülste ziehen hoch zum ersten Astkranz, von dem aus früher 5 bugförmige Äste abgingen. Heute sind noch 4 erhalten. Die feine silberne Rinde ist in Furchen und Astbeugen mit dunkelgrün schimmernden Moospolstern überzogen. Diese Waldbuche *(Fagus sylvatica)* ist ein Baumbiotop für sich, wohl 23 m hoch und 25 m breit. Das Bild zeigt Autor Stefan Kühn vom »Deutschen Baumarchiv« neben der Riesenbuche.

Standort:

Vom Ziegelhof südlich Oberbach (südlich Wildflecken) dem Kiesweg 300 m südwärts folgen, am Waldrand.

Eiche bei Schloss Nagel

Kreis Kronach
Alter: 400–520 Jahre
Stammumfang (1989): 9,30 m

165

Das Jagdschloss Nagel, auf halber Strecke zwischen Frankenwald und Fränkischer Schweiz gelegen, wurde als Wasserschloss mit umgebenden Gräben zu Anfang des 15. Jahrhunderts erbaut. Am Steilhang zwischen Schloss und Gut Nagel reiben sich nicht nur Baumfreunde ungläubig die Augen, wenn sie vor dem monumentalen, senkrechten Stamm der Stieleiche *(Quercus robur)* stehen. Die Borke des gewaltigen Stammes steht brettartig hervor, die Furchen dazwischen formen eigentümliche Fließmuster, fast eine Landschaft für sich.
Am Steilhang hat sich der Eichengigant mit starken Wurzeln verankert. Nur die weit oben angesetzte Krone ist überraschend klein ausgebildet. Angeblich soll sich unter der Eiche ein Thingplatz befunden haben.
Der Hausherr im benachbarten Schloss ist sich sicher, dass er einen 1000 Jahre alten Baum sein Eigen nennt. Die tiefrissige Borke, die sich bis hinauf in die Krone zieht, ist ein viel versprechendes Altersmerkmal.

Standort:

Am Außenzaun von Schloss Nagel südwestlich Kronach, am Steilhang.

Kolbenhoflinde bei Alfershausen

Kreis Roth
Alter: 350–370 Jahre
Stammumfang (2001): 9,11 m

166

Nach alter Überlieferung der ansässigen Bauernfamilie geht die Pflanzung der urigen Sommerlinde *(Tilia platyphyllos)* vom Kolbenhof auf das Wirken des irischen Missionars Kolumban zurück, der Anfang des 7. Jahrhunderts unter den Alemannen wirkte. Vor anderthalb Jahrhunderten suchte ein Sturm die Höhen des Fränkischen Jura heim, der die Westseite des Lindenbaums aufriss. Seitdem dient die Baumhöhle als gemütliche Lindenlaube. Im Inneren des weit geöffneten Stammes ist eine kleine Sitzbank untergebracht. Im Foto hat Frau Kunigunde Borzner vom Kolbenhof, Jahrgang 1912, in alter Tracht darauf Platz genommen. Eine weitere 8,50 m dicke Linde steht übrigens auf der anderen Seite des Gehöfts.

Standort:

Am Kolbenhof, 1 km nordwestlich Alfershausen südlich Hilpoltstein.

Elsbeere bei Herpersdorf

Kreis Neustadt a. d. Aisch-Bad Windsheim
Alter: 120–200 Jahre
Stammumfang (2006): 3,25 m

167

Als Bernd Ullrich im Februar 2005 das Frankenland bereiste, um sich seinem Spezialgebiet, den »geleiteten Linden«, zu widmen, wurde er auch im kleinen Herpersdorf nahe Oberscheinfeld fündig. Der Lindenbaum dort erinnerte freilich kaum noch daran, dass er einst in Etagenform gestaltet und auf ein Gerüst gezogen war. Nur einige waagrecht gestellte Äste gaben einen Hinweis. Etwas enttäuscht kehrte er nebenan im »Gasthof zur Linde« zum Mittagessen ein und erkundigte sich bei der Bedienung aufs Geratewohl nach weiteren wichtigen Bäumen der Gegend. Kurze Zeit später wurde in der Küche das Wort »Elsbeere« gemurmelt. Diese extrem seltene Baumart, wissenschaftlich *Sorbus torminalis* genannt, gedeiht am besten auf Kalkböden in sonnigen Lagen und erreicht normalerweise nicht mehr als 1,80 m Stammumfang bei einem Alter von 100 Jahren. Hier war nun ein Exemplar, das die üblichen Maße in den Schatten stellte.

Standort:

In Herpersdorf südöstlich Oberscheinfeld der Straße in Richtung Erlabronn folgen. Nach 400 m nach rechts (Südosten) abbiegen und nach weiteren 200 m nach links (Nordosten). Nach 300 m links des asphaltierten Feldweges.

Walnuss in Waldkirchen

Kreis Freyung-Grafenau
Alter: 150–180 Jahre
Stammumfang (2006): 4,57 m

168

Einst stand diese älteste Walnuss Deutschlands in einem Obstgarten am Stadtrand. Das zugehörige Haus befand sich im Ort. Selbstversorgung galt damals noch viel. Die heutige Eigentümerin, Anneliese Fuchs, erzählt, wie der Baum in den Familienbesitz kam. »Die Großmutter meines Mannes, Maria Hausböck, hat den Garten in die Ehe eingebracht«, sagt sie. »Die Heirat war etwa um das Jahr 1880 herum«. Als einziger Bauherr der Region erbaute Ehemann Alois Weilmböck 1899 das heutige Wohnhaus im Garten, wodurch der Nussbaum *(Juglans regia)* zum Haus- und Hofbaum wurde. Ein Familienfoto aus dem Jahr 1930 zeigt den Nussbaum mit etwa 75 cm Stammdurchmesser. Bis heute trägt er noch Früchte. Im Herbst 2006 fiel die Ernte nach schwächeren Jahren wieder sehr gut aus.

Doch die Vitalität der Walnuss wurde auch angezweifelt. Bis 1996 war sie ein Naturdenkmal. Dann zog die Untere Naturschutzbehörde den Schutz zurück, als sich morsche Äste mehrten. »Das Papperl war wieder herunten«, so drückte es die Eigentümerin aus, die den Schritt der Behörde bis heute bedauert. Auf eigene Kosten ließ die Familie den geliebten Nussbaum behandeln. Sollte Naturdenkmalschutz denn nicht mehr sein als ein »Papperl«, das in Krisenzeiten wieder abgenommen wird?

Standort:

»Am Ertlbrunn 3« in Waldkirchen südlich Freyung.

Tannenkönig bei Bayerisch Eisenstein

Kreis Regen
Alter: 340–400 Jahre
Stammumfang (2006): 6,71 m

169

Es war ein diesiger Oktobermorgen, als wir uns dem Hans-Watzlik-Hain im menschenfernen Nationalpark Bayerischer Wald näherten. Wer der sinnlosen Hektik des modernen Zeitalters entfliehen will und den schmalen Pfad ins Unterholz betritt, kann hier ein echtes Urwalderlebnis machen. Der unmarkierte Pfad führt an morschen Baumstümpfen vorbei, vereinzelt tauchen die ersten Starktannen und -buchen auf. Der lange Atem Gottes wird hier spürbar, der die unberührten Bergwälder geheimnisvoll durchweht. Kein Mensch dreht hier die Kurbel, um die Dinge am Laufen zu halten. Kein Wissenschaftler errechnet Formeln, um der Natur die allgemeine Vorgehensweise zu erklären. Auch die »Verkehrssicherungspflicht« hat hier ein Ende. Und doch wurde hier noch niemand unter einem fallenden Tannengiganten begraben. Zahlreiche mächtige Baumleiber liegen modernd auf dem Waldboden und kehren langsam zur Erde zurück. Die Botschaft der Natur ist einfach und wahr. Es gibt keine »Sicherheit« für das irdische Leben und den irdischen Leib. Auch das Leben des Menschen ist nur »ein Hauch« und vergeht in den Augen Gottes so schnell »wie die Blumen des Feldes«. Wer sein altes Leben erhalten will, der wird es verlieren, sagt Jesus im Buch der Bücher. Wer es dagegen aus freien Stücken aufgibt, der wird es wiederfinden.
Hinten im Urwald wartet Großes. Hier stehen die ältesten Tannen. Über 50 m hoch ragen ihre Storchennest-Kronen über das Walddach, kein Baum gleicht dem andern. Eine Tanne hat gerade ihre oberste Krone durch Windbruch verloren. Eine andere hat dasselbe Erlebnis bereits überwunden und eine neue, mehrastige Krone aufgebaut. Der größte Baum wirkt wie ein König neben den übrigen Tannen. Er scheint bis in den Himmel hinauf zu wachsen. Unverwundet hebt er seine aufgelockerte Krone scheinbar mühelos zum Licht. Sein Stamm ist an der Basis so dick, dass 3 erwachsene Menschen ihn nicht zu umfassen vermögen: ein Zeuge vergangener Jahrhunderte, über 300 Jahre alt – für menschliche Verhältnisse eine halbe Ewigkeit. Und doch hat man den Riesen nach Menschenart zu zähmen begonnen, ihn »sicherheitshalber« verbal an der menschlichen Zivilisation festgezurrt. Nach einer Hütte benannt, ist er auch als »Wastlhüttentanne« bekannt. Ist es nicht leicht, Schöpfer und Schöpfung kleinzureden?

Standort:

Im Hans-Watzlik-Hain etwa 2 km westlich Zwieslerwaldhaus östlich Bayerisch Eisenstein.

Alpenvorland und Bayerische

Sankt-Wolfgangs-Eiche bei Schloss Haus

Kreis Regensburg
Alter: 400–500 Jahre
Stammumfang (1991): 9,60 m

170

In der Gemarkung von Neueglofsheim steht die vielleicht älteste Eiche des Bundeslandes Bayern: die St.-Wolfgangs-Eiche bei Schloss Haus. Die Eigentümer von Schloss Haus, das Fürstengeschlecht von Thurn und Taxis, haben stets ein waches Auge auf die imposante Stieleiche *(Quercus robur)* gehabt. Vermutlich haben sie dem Baum auch seinen heutigen Namen gegeben, denn die Kapelle am Schloss, die im Jahr 1749 erbaut wurde, ist so wie über 30 andere Kapellen rund um Regensburg dem heiligen Wolfgang geweiht, der seit dem Jahr 972 als Bischof von Regensburg wirkte. Der Aufschwung der Regensburger Klöster zur Jahrtausendwende war im Wesentlichen sein Werk und geriet auch beim einfachen Volk nicht in Vergessenheit. Bereits im Jahr 1052 wurde der beliebte Bischof posthum heilig gesprochen, und von den seit dem Spätmittelalter bezeugten Wallfahrten gilt die des St. Wolfgang in der Retrospektive als bedeutendste.

Im Volksglauben sind zahlreiche Legenden und Geschichten um St. Wolfgang in Umlauf. So wurde später verständlicherweise das Schicksal der mächtigen Eiche mit dem Wirken des Heiligen verknüpft. Der Legende nach soll St. Wolfgang von einem waagerechten Ast herab wortgewaltig gepredigt und Heiden zum Glauben geführt haben.

Die Eiche bei Schloss Haus war bereits vor 100 Jahren ein markanter und unter Naturfreunden bekannter Baum. In Friedrich Stützers großartigem Standardwerk über »Die größten, ältesten oder sonst merkwürdigen Bäume Bayerns in Wort und Bild«, für das 1922 ein Nachtrag verlegt wurde, ist die Eiche ausführlich dargestellt. Ein Lichtdruck vom Dezember 1905 zeigt noch 2 ausladende Starkäste, die mittlerweile nicht mehr existieren. Der Bruch des mächtigen Astes an der Südseite der Stieleiche hat in 3 m Höhe eine ovale Stammöffnung hinterlassen. Das »Markenzeichen« der Eiche, ihr waagerechter Seitenast, der nahe am Boden fast 15 m weit zur Seite auslädt, ruhte damals wie heute auf einer Säule, die ihn vom lastenden Eigengewicht befreit.

1905 betrug der Umfang der Eiche 8 m. Demnach hätte die Eiche in knapp einem Jahrhundert 160 Zentimeter an Umfang gewonnen. Verlängert man diese Wuchsgeschwindigkeit in die Vergangenheit, so ergibt sich rein rechnerisch ein Alter von 600 Jahren. Es ist bezeugt, dass die Eiche bereits mehrmals ausbrannte. Dies geschah beispielsweise im Jahr 1878. Auch am 31. Oktober 1909, ausgerechnet am St.-Wolfgangs-Tag, quollen erneut Rauchwolken aus dem hohlen

Die Sankt-Wolfgangs-Eiche im Jahr 1905. Aus Rueß, 1922.

Eichbaum. Die herbeigerufene Feuerwehr konnte das Feuer gerade noch rechtzeitig löschen.

Die Historie der Stieleiche illustriert die Schwierigkeiten der Altersforschung. Zum einen kann das Wachstum durch Belastungen in der Vergangenheit immer wieder phasenweise gebremst worden sein. In dem Fall wäre das Alter richtig eingeschätzt. Die im letzten Jahrhundert gemessene Wuchsgeschwindigkeit kann aber auch aufgrund der vorausgegangenen Brände und Astabbrüche reduziert gewesen sein, wohingegen das Wachstum früher ungestört verlief. Dann wäre das Alter zu hoch eingeschätzt.

Neben vielen Legenden, Rätseln und Ungereimtheiten rund um die Eiche gibt es zum Schluss noch eine nette und zudem wahre Anekdote aus dem nahe gelegenen Schloss Haus der Fürsten von Thurn und Taxis zu berichten. In der Schlossgärtnerei war es im vergangenen Jahrhundert die Pflicht des Gärtnerlehrlings, über das Wohl des Baum-Naturdenkmals zu wachen. Sein Arbeitstag begann mit einem obligatorischen Kontrollgang zur alten Eiche. Erst wenn sichergestellt war, dass sie noch am oberen Parkeingang stand und bei bester Gesundheit war, konnte das eigentliche Gärtnertagwerk beginnen. Hoffentlich wird das Wohl der Eiche auch im neuen 21. Jahrhundert weiterhin so freundlich behütet.

Standort:

Am Waldweg nahe Schloss Haus östlich Neueglofsheim.

Große Linde in der Ramsau

Kreis Berchtesgadener Land
Alter: 350–550 Jahre
Stammumfang (1988): 11,30 m

171

In den Voralpen Berchtesgadens, oberhalb von Ramsau, erhebt sich ein mächtiger Lindendom, über 30 m hoch, im Durchmesser gut 35 m ausgreifend, errichtet auf einer Stammsäule von 11 m Umfang: die berühmte »Große Linde«. Sie fußt auf einem für Linden untypischen Standort in 850 m über Seehöhe oberhalb des Achtetals. In dieser montanen Höhenstufe ist die Vegetationszeit wegen der spät einsetzenden Sommer und der früh hereinbrechenden Winter bereits deutlich verkürzt. Doch trotz der im Vergleich zum Flachland Jahr für Jahr 4–6 Wochen kürzeren Zeit zum Wachsen und Gedeihen, hat die Sommerlinde *(Tilia platyphyllos)* gigantische Ausmaße erreicht und wurde zu einem weithin sichtbaren Orientierungspunkt der Almlandschaft.

Es war eine glückliche Fügung, dass die Linde sich auf einer so genannten Freie oder Trade befand. Ihr Standort durfte vom Lehnsbauern zur Weide und zum Laubsammeln genutzt werden, doch es durften weder Fällungen noch Aufforstungen vorgenommen werden.

Friedrich Stützer beschreibt die »Große Linde« vor 100 Jahren mit über 38 m Kronendurchmesser und 10 m Umfang. Nimmt man das letzte Jahrhundert als Maßstab, so wäre die Lindendame heute sogar fast 750 Jahre alt. Die Pflege des Baumes hat lange Tradition. Der Verschönerungsverein Ramsau legte 1890 einen neuen Weg zur Linde an, 1891 wurden erfolgreiche Ausbesserungsarbeiten durchgeführt. Früher befand sich nebenan das 1875 erbaute »Lindenhäusl«, das ab 1950 zu einem beliebten Berggasthof erweitert wurde.

Seit 1933 ist die Linde auch als Hindenburglinde bekannt. Die Gemeinde Ramsau verlieh dem damaligen Reichspräsidenten Feldmarschall Paul von Hindenburg die Ehrenbürgerrechte und beschloss, die Linde für alle Zeit »von Hindenburglinde« zu benennen.

Die »Große Linde« vor 100 Jahren. Aus Stützer, 1902.

Im Jahr 1997 brach der unterste, talwärts gerichtete Starkast zu Boden. Das Kronenbild der mächtigen Linde wurde dadurch jedoch kaum in Mitleidenschaft gezogen.

Standort:

Am Gasthof »Zur Hindenburglinde« oberhalb Ramsau, neben der Alpenstraße B 305.

Großer Ahorn bei Wamberg

Kreis Garmisch-Partenkirchen
Alter: 300–450 Jahre
Stammumfang (2001): 9,00 m

172

Im Wald bei Wamberg, im Werdenfelser Land, stöberten wir kurz vor Erscheinen der ersten Auflage des Bildbandes den sicher ältesten und mächtigsten Bergahorn *(Acer pseudoplatanus)* des Landes auf. Der »Entdeckung« war eine akribische Recherche von Bernd Ullrich vorausgegangen, die dank der Auskunft von Axel Doering, Forstamt Garmisch-Partenkirchen, auch zum Ziel führte. Der kapitale Bergahorn wächst in etwa 1100 m Höhe an einer steilen Böschung direkt am Wegrand. Von dort strebt der mächtige Stamm in einem Neigungswinkel von etwa 10 Grad schräg aufwärts. Eine kleine, knorrige Krone bildet einen bescheidenen und doch gelungenen Abschluss nach oben. Die höchsten Blätter der Wipfelregion wiegen sich 25 m über dem Waldboden im Wind. Wahrscheinlich ist der Baum im dichten Bestand aufgewachsen. Dies erklärt die hohe und schmale Statur. Der Stamm ist freilich alles andere als schmal. Der Größenvergleich zum Vater von Uwe und Stefan Kühn im Bild links zeigt das.

Früher hatte ein legendärer Bergahorn am Grundbauernhof bei Furtwangen mit über 7 m Umfang als stärkster Ahorn Deutschlands gegolten. Er wuchs generationenlang im Rohrbachtal, einem Tal im südlichen Schwarzwald, das über 900 m hoch gelegen ist. Der letzte grüne Ast dieses angeblich mehr als 6 Jahrhunderte alten Riesen starb jedoch Anfang der 90er-Jahre endgültig ab. Nun ist der Ahorn bei Wamberg mit 9 m Umfang der mit Abstand dickste Bergahorn im Bundesgebiet. Dass er bisher trotzdem noch nie in der Literatur aufgetaucht ist, beweist, wie viele »unentdeckte« Baumsehenswürdigkeiten es in unserem Land noch gibt. Auch deshalb verdient dieser Ahorn das Prädikat »Sehenswert«.

Standort:

Oberhalb von Wamberg südöstlich Garmisch-Partenkirchen. Von Schloss Elmau aus 2 km zur Elmauer Alm, von dort etwa 1 km westlich entlang des »Neuen Waldwegs«, an der Wegböschung.

Sankt-Stephans-Linde in Klaus

Kreis Erding
Alter: 400–440 Jahre
Stammumfang (1994): 11,00 m

173

Die Linde vor fast 100 Jahren. Foto von Stützer, 1906. Aus Grabe, 1991.

Im Jahre 1803 wurde die Kirche in Klaus im Zuge der napoleonischen Säkularisierung abgerissen. Wenig später verschwanden auch die Grabsteine des angrenzenden Friedhofs. Allein die ehemalige Friedhofslinde wurde nicht Opfer der deutschen Geschichte. Sie blieb unangetastet und harrte auf ihrem Standort aus. Im 20. Jahrhundert entsann man sich in der Gemeinde wohl wieder des geweihten Bodens und errichtete direkt neben der Sommerlinde *(Tilia platyphyllos)* eine kleine St.-Stephans-Kapelle. Das Band zwischen altbayerischer Naturfrömmigkeit und christlicher Tradition wurde somit ein zweites Mal geknüpft.

Standort:

An der St.-Stephans-Kapelle in Klaus südlich St. Wolfgang.

Hohllinde in Obermarbach

Kreis Dachau
Alter: 300–400 Jahre
Stammumfang (1994): 10,20 m

174

In der Hohl am Kirchberg von Obermarbach wächst eine der skurrilsten Baumgestalten des Bundesgebiets. Am 45 Grad steilen Hang des Hohlwegs hat sich die hohle und ausgebrannte Linde festgeklammert. Der Neigungswinkel des Stammes wäre Besorgnis erregend, wenn nicht hangaufwärts meterdicke Zugwurzeln wären, die sich wie überdimensionale Drahtseile zum Boden spannen. Früher reichte der Haupttrieb über die Hohl hinweg bis in die Nähe der gegenüberliegenden Kirche – ein großes rundes Loch klafft an seiner Abbruchstelle im Stamm.

Standort:

In der Hohl »Am Kirchberg« in Obermarbach nördlich Petershausen.

Arve vorm Steinernen Meer

Kreis Berchtesgadener Land
Alter: 350–450 Jahre
Stammumfang (2001): 3,43 m

175

Die Arve *(Pinus cembra)*, auch Zirbe oder Zirbelkiefer genannt, ist die »Grannenkiefer Europas«. In den unwirtlichen Höhenstufen zwischen 1500 und 2500 m behauptet sich diese 5-nadelige, lichtliebende Kiefernart an der Waldgrenze der Alpen und erreicht dort Lebensalter von vielen hundert Jahren.

Wer die abgebildete Arve besuchen will, sollte festes Schuhwerk und einen Wanderstab mitbringen. Von St.Bartholomä am Königssee aus muss man 4 Stunden in Richtung Kärlinger Haus aufsteigen. Der Wanderweg führt zunächst durch die Lärchenwaldzone. Erst am Ende der steilen, serpentinenreichen Saugasse öffnet sich das Gelände und die Arvenzone beginnt. Auf einer Kalksteinnase oberhalb des Weges ragt die zerzauste Arve plötzlich auf. Ihr Wurzelwerk klammert sich in 1400 m Höhe an blanken Fels. Die 15 m hohen Wipfeläste sind abgestorben, Stamm und Astwerk zeigen die Spuren eines harten Kampfes mit den Naturgewalten.

Wie viel sengende Hitze und Trockenheit hat die Arve ertragen müssen? Von wie vielen klirrenden Frösten und tosenden Winterstürmen hat die Arve sich wieder erholt? Am nahe gelegenen Funtensee unterhalb des Kärlingerhauses sank das Thermometer am Weihnachtstag 2001 auf die tiefste jemals in Deutschland gemessene Marke von –45,9° C. Wer sich auf einem der weichen Heidepolster im Umkreis der Arve niederlässt, kann das dramatische Alpenpanorama genießen und dem eigenartigen, summenden Geräusch lauschen, das der Wind in den weichen Kiefernnadeln erzeugt. Im Norden erhebt sich weithin sichtbar die 2712 m hohe, schneebedeckte Spitze des Watzmannes – Deutschlands zweithöchstem Berg.

Wer noch höher aufsteigt, stößt im Steinernen Meer im deutsch-österreichischen Grenzgebiet auf weitere charaktervolle Arven. Die ältesten Exemplare auf der österreichischen Seite erreichen Stammumfänge um 5 m und ein vermutliches Alter von über 600 Jahren.

Standort:

Am Wegesrand zwischen Saugasse und Kärlinger Haus, oberhalb von St. Bartholomä.

Ureibe bei Steibis

Kreis Oberallgäu
Alter: 600–700 Jahre
Staummumfang (2001): 4,92 m

176

In einem malerischen Winkel des Allgäus, oberhalb der Unteren Lauchalpe bei Steibis, hebt eine verwitterte Eibe *(Taxus baccata)* ihre sparrigen Nadelzweige in den Wind. Ihr Stamm ist seit Jahrhunderten hohl und zerklüftet, ein sicheres Anzeichen für hohes Alter.

In der Literatur ist über die Eibe wenig zu finden. Ihre Entdeckung wurde im Juli 2000 einem kleinen Kreis von Eibenfreunden bekanntgegeben, und zwar in der gleichnamigen Spezialzeitschrift »Der Eibenfreund«. Die Entdecker der Eibe, Hubert Rößner und Hermann Rüth, trafen die Eibe im Sommer 2000 »rot vor Früchten« an. Wie bei der zweigeteilten Balderschwanger Eibe, handelt es sich also um ein weibliches Exemplar.

Eine weitere viel gerühmte Eibe im benachbarten Hinterstein lebt übrigens nicht mehr. Die Eibe im 1400 m hoch gelegenen Bärgründletal wurde kürzlich vom Abwind einer Lawine geworfen. Auch sie war bereits völlig ausgehöhlt, dabei über 10 m hoch und im Umfang 3,5 m stark. Das Auszählen der Jahrringe nahe am Wurzelstock ergab 563 Jahre. In Analogie könnte die Eibe bei Steibis, die in ca. 1000 m Seehöhe stockt, durchaus 800 Jahre auf dem »Kerbholz« haben.

Standort:

Oberhalb der Unteren Lauchalpe 4 km südöstlich Steibis südlich Oberstaufen.

Schlosseiche in Eisolzried

Kreis Dachau
Alter: 350–640 Jahre
Stammumfang (1994): 9,60 m

177

In seinem 1900 erschienen ersten Teil des Bildbandes »Die größten, ältesten oder sonst merkwürdigen Bäume Bayerns« schreibt Friedrich Stützer: »Wohl nicht leicht wieder wird ein einsamer Fußweg durch einen so kräftigen Wegweiser markiert, wie es bei dem Orte Eisolzried durch unsere Wegweisereiche der Fall ist«. Der einsame Fußweg führte nach Palsweis, so zeigte es eine Hinweistafel an der schon damals majestätischen Stieleiche *(Quercus robur)*. Die Bezeichnung ist in Vergessenheit geraten, heute ist Zufußgehen aus der Mode gekommen, aus dem Fußvolk sind inzwischen bequeme Autofahrer geworden. Auch ihr zweiter Name – »Schlosseiche« – verursacht

Die Schlosseiche in alten Tagen. Aus Stützer, 1900.

Stirnrunzeln. Das Schloss, zu dem die Eiche einmal gehörte, wurde um die 19. Jahrhundertwende gänzlich abgebrochen. Die Eiche stellt ein Überbleibsel des »lieblich Aich-Wäldl« dar, das 1737 den Schloßanger zierte. Zu ihrer Glanzzeit vor 100 Jahren hatte die Stieleiche einen Stammumfang von 8 m in Manneshöhe. Größe und Durchmesser der regelmäßigen Krone betrugen respektable 25 m. Weil der Boden am Standort aus nahrungsarmem dilluvialem Geröll besteht, staunte man über ihre Ausmaße und mutmaßte schon um 1900 ein Alter von »700 Jahren«.
Der Eichenstamm ist inzwischen noch stärker geworden, nur das Kronenvolumen ist bei erfreulich dichter Belaubung ein wenig geschrumpft. Der Blitz ist vor Jahren in die Eiche gefahren. Eine 40 cm breite Rinne zieht sich bis zum Boden. Kürzlich überlebte die Eiche sogar einen Brandanschlag.

Standort:

Am Ortsausgang von Eisolzried westlich Dachau in Richtung Lauterbach.

Eibe bei Balderschwang

Kreis Oberallgäu
Alter: 600–1000 Jahre
Stammumfang (2001):
2,00 und 2,40 m

178

Die Eibe bei Balderschwang im Hochallgäu hat den Nimbus einer »Tausendjährigen«. Ihr Stamm besteht aus 2 getrennten Teilen, die 2,00 und 2,40 m Umfang aufweisen. Wenn beide Teile aus einem Wurzelstock entspringen, so ist ihr ein biblisches Alter sicher. Dann wäre denkbar, dass das Zentrum der Eibe im Lauf der Jahrhunderte vermorschte und schließlich ganz zerfiel. Experten halten es allerdings für wahrscheinlich, dass es sich nie um einen einstämmigen Baum gehandelt hat, sondern von Anfang an 2 Stämmlinge aus einer Wurzel nebeneinander aufwuchsen. Doch selbst für diesen Fall wird ein Alter bis 800 Jahre vermutet. Vergleichende Untersuchungen stützten schon früher die Annahme, dass es sich keinesfalls um eine Verwachsung von 2 Bäumen handelt, denn morphologisch zeigen die Nadeln der beiden Baumhälften große Übereinstimmung und der Zeitpunkt des Neuaustriebs erfolgte auf beiden Seiten jeweils zur gleichen Zeit. Inzwischen hat eine Genanalyse bewiesen, dass beide Hälften zu einem Baum gehören.

Der Standort der Eibe *(Taxus baccata)* ist ausgesucht schön. Sie steht allein auf einer Almwiese in einer Höhe von 1150 m, der Blick schweift von hier aus frei über die hügelige Voralpenlandschaft. Im Frühling und Sommer blühen Blumen rund um den verwitterten Nadelbaum – ein Plätzchen zum Verweilen.

Eiben sind zweihäusige Pflanzen, das heißt entweder männlichen oder weiblichen Geschlechts. Die Balderschwanger Eibe ist weiblich.

Standort:

Auf einer Almwiese nordöstlich von Balderschwang westlich Sonthofen.

Fichte am Himmeleck

Kreis Oberallgäu
Alter: 210–250 Jahre
Stammumfang (2001): 5,20 m

179

Ursprünglich wächst die Fichte *(Picea abies)* bestandsbildend in Höhen oberhalb 800 m. Ihr natürliches Verbreitungsgebiet erstreckt sich dabei von Skandinavien bis zum Balkan. Mit Wuchshöhen bis zu 70 m ist sie Europas höchster heimischer Baum. Leider ist die Fichte durch ihre flächenhafte forstliche Anpflanzung in Monokulturen in Verruf geraten. Als Rohhumusbildner führen diese Monokulturen zur Versauerung der Waldböden.

Meistens werden Fichten mit 80–100 Jahren geschlagen. Die dicke Fichte am Himmeleck entging diesem Schicksal aus nahe liegenden Gründen. Sie wächst in luftiger Höhe unterhalb eines Höhengrats, nahe dem Gipfelkreuz des 1487 m hohen Himmelecks. Inzwischen wäre sie zum Fällen vermutlich auch zu groß und – selbstredend – zu schade. Ihre leicht gebogene, tonnenförmige Stammsäule würde mit immensen 5,20 m Umfang ohnehin die üblichen Forstgeräte überfordern. Die spitzen Fichtenwipfel ragen gut 30 m hoch gen Himmel. Tief herabhängende, bogenförmige Äste beschatten den Stammfuß.

Standort:

Oberhalb Osterdorf bei Wiedemannsdorf, am Höhengrat-Wanderweg südwestlich des Himmeleck-Gipfelkreuzes.

Tradeahorn bei Ramsau

Kreis Berchtesgadener Land
Alter: 200–300 Jahre
Stammumfang (2001): 6,04 m

180

Auf einer Almweide nahe dem Kaltbachlehen bei Ramsau entdeckten wir einen der dicksten 1-stämmigen Bergahorne *(Acerpseudo platanus)* Deutschlands. Sein Stammfuß ist breit und kraftvoll. Unterirdisch streichen seine Wurzeln bis hinab in eine schmale Senke, in der das Regenwasser der Hochlagen talwärts fließt. Mit Nährstoffen ist der Baum reich beschenkt. Der Boden ist von den Huftritten der Almkühe gezeichnet, ihre Kuhfladen bringen wertvolle Mineralien zurück in den Boden. Vermutlich steht der Ahorn, so wie die 1 km entfernte »Große Linde« in der Ramsau, auf einer so genannten Freie oder Trade, einem Weidegebiet also, wo jahrhundertelang Bäume weder gepflanzt noch gerodet werden durften.

Erlaubt war dagegen das Sammeln von Laubheu, was auch bis heute noch allherbstlich rund um den Ahorn praktiziert wird.

Die mittelgroße, etwa 15 m hohe Baumkrone ist ahorntypisch aufgelockert und etagenförmig ausgebildet. Ein Wipfelast ist ausgebrochen, im Übrigen ist die Harmonie des Wuchses ungestört. Auf der Borke des Stammes und der unteren markanten Seitenäste hat sich dunkelgrünes Moos angesiedelt, ein Hinweis auf ein günstiges kühl-feuchtes Mikroklima am Standort des Ahorns.

Die Einheimischen sind sich vermutlich gar nicht bewusst, was für einen ungewöhnlichen Ahorn sie hier vor sich haben. Bergahorne von 4 oder mehr Metern Umfang sind in der Almlandschaft Berchtesgadens keine Seltenheit. Mit einem vergleichenden Blick auf die alten Ahorne Deutschlands empfehlen wir, dieses Prachtexemplar in Zukunft als Baum-Naturdenkmal auszuweisen.

Standort:

Oberhalb der Bushaltestelle Kaltbachlehen an der B 305 oberhalb Ramsau.

Dicke Linde zu Hohenbodman

181

Bodenseekreis
Alter: 350–460 Jahre
Stammumfang (1988): 10,15 m

Der gedrungene Stamm der »Dicken Linde« zu Hohenbodman, im Dunstkreis des südlich gelegenen Bodensees gleicht einem überdimensionalen Holzblock. Einsam thront die Sommerlinde *(Tilia platyphyllos)* am Ortseingang, etwas unglücklich im Winkel einer Straßengabelung. Nur eine kleine dreieckige Grasfläche blieb von der Versiegelung durch Asphalt verschont. In den 80er-Jahren sollen bei Kanalisationsarbeiten starke Seitenwurzeln des Baumes verletzt worden sein. Seitdem ist die Baumkrone merklich geschrumpft (Foto unten).

Standort:

Am Ortseingang von Hohenbodman nördlich Überlingen.

Marienlinde in Linden

182

Kreis Weilheim-Schongau
Alter: 350–400 Jahre
Stammumfang (1997): 9,95 m

Ob die hohle Linde am Ortseingang vor Linden dem Ort seinen Namen gab? Die Dorfbewohner fühlen sich der alten Sommerlinde *(Tilia platyphyllos)* gewiss seit langer Zeit verbunden. Talseitig ist in den Stamm eine kleine hölzerne Nische gezimmert worden, in der eine Marienstatue steht. Darüber prangt ein Christuskreuz. So ist die Linde zu einem natürlichen Opferstock geworden, an dem man frische Blumen und Früchte darbringt (Foto oben).

Standort:

Am Ortseingang von Linden südlich Wessobrunn.

Die sagenumwobene Tassilolinde vor einem Jahrhundert. Aus Stützer, 1902.

Tassilolinde bei Wessobrunn

Kreis Weilheim-Schongau
Alter: 450–530 Jahre
Stammumfang (1988): 13,20 m

183

Um die sagenhafte Tassilolinde bei Wessobrunn rankt sich ein Geflecht aus altbayerischer Geschichte und Legende. Ritter Tassilo, letzter Spross der Agilofinger, die von 590–788 in Bayern regierten, jagte oftmals in den schluchten- und wildreichen Höhen am Thesselbach. Im Traum, heißt es, sah er einmal singende Engel auf einer Leiter auf- und niedersteigen und Wasser zum Trunke aus einer Quelle schöpfen. Die Quelle, so eine ausgeschmückte Version des Traumes, sei dem Boden an drei Stellen entsprungen und habe sich in Kreuzform zu einem Bächlein vereint. Als Tassilos Jagdbegleiter Wesso die Traumbilder in der Wirklichkeit wiederfand, beschloss der junge Bayernherzog, an »Wessos Brunnen« ein Kloster zu errichten. Der Bau der Benediktinerabtei erfolgte im Jahr 753. Die Pflanzung der Tassilolinde wird oft mit der Klostergründung in Verbindung gebracht, obgleich sie östlich der Klostermauern frei an einem Wiesenhang steht. Die Legende weiß es aber besser. In einer Beilage der »Münchener

Zeitung« aus dem Jahr 1933 erfahren wir: »Ehrwürdig ist dieser Boden und von Geschichte durchschauert. Plötzlich gehen uns die Augen auf. Am Wiesenhang über dem Thesselbach steht die tausendjährige Linde, die Herzog Tassilo pflanzte, der kühne, ritterliche Herr, der Lehnsmann Kaiser Karls, der Bayernfürst, der dem großen Frankenkönig die Gefolgschaft verweigerte und, darob zur Rechenschaft gefordert, auf der Reichsversammlung zu Ingelheim entwaffnet und gebunden und zu lebenslänglicher Klosterhaft verurteilt wurde.«

Die Klostergeschichte ist außerordentlich. Die Benediktinerabtei entwickelte sich während des Hochmittelalters zu einem der geistig-kuturellen Zentren Europas. Das »Wessobrunner Gebet«, ein eigentümlicher Schöpfungsmythos und eines der ältesten Schriftstücke deutscher Sprache (9. Jahrhundert), wurde hier verfasst. In den Bauepochen des Barock und Rokoko zogen über 600 Künstler von hier aus, um in Bayern, am Bodensee, aber auch in Norddeutschland, Frankreich und Russland an die 3000 Kirchen, Klöster und Schlösser zu erbauen und mit feinem Stuck auszustatten. Die Säkularisierung setzte dem Wirken ein jähes Ende. 1810 wurde das Kloster fast gänzlich abgerissen. Neben den Ruinen hält heute die uralte Winterlinde *(Tilia cordata)* die Erinnerung an die Geschichte lebendig. Aus dem 13 m umspannenden, mehrfach sanierten Mantel des Stammes, streben immer neue baumstarke Triebe empor. Sie bilden eine lockere Krone von etwa 23 m Höhe und 20 m Breite. Die Erneuerungskraft der Linde hat dafür gesorgt, dass sich das tote Kernholz im Stamminneren sekundär mit neuer Rinde überzogen hat.

Standort:

Im Pfaffenwinkel, östlich der Mauer des ehemaligen Klosters Wessobrunn.

Steinlishoflinde bei Isny

Kreis Lindau
Alter: 350–440 Jahre
Stammumfang (2001): 11,00 m

184

Im »Isnyer Wochenblatt« vom 3. Juni 1864 heißt es: »In dem Winkel, den die Straße vom Spitalhof mit dem Weg von Schweinebach auf der Ludwigshöhe bildet, steht eine uralte Linde. Ihr Stamm hat einen Umfang von acht bis neun Metern. Vier dicke, starke Äste führen die mächtige Krone zu über 40 Meter empor.« Die Linde am Steinlishof im Allgäu, der 1412 erstmalig erwähnt wurde, grünt und blüht immer noch. Altersschätzungen gehen bis zu »1100 Jahren«. Vor 60 Jahren brach zwar das Mittelstück des Baumes heraus, doch die nachdrängenden Seitenäste recken sich heute wieder 30 m hoch in den Himmel. In den Hohlräumen des Stammes brüten Eulen.

Standort:

Am Steinlishof südwestlich Isny.

Eiche bei Gollingkreut

Kreis Neuburg-Schrobenhausen
Alter: 350–450 Jahre
Stammumfang (2004): 9,07 m 185

Obwohl dieser alte Eichbaum als einer der ältesten, mächtigsten und eindrucksvollsten Baumgestalten im weiten Umkreis gilt, ist über seine Vergangenheit nur sehr wenig bekannt. Beim Fototermin sprach Bernd Ullrich mit einem Spaziergänger aus dem Ort, der sich darüber wunderte, dass die hiesige Eiche so wenig bekannt, die Bavariabuche dagegen in aller Munde sei. Sein Enkelchen durfte danach mit ins Bild, sodass die Größenverhältnisse des Eichenstammes erhellt werden.

Über die alte Eiche hält sich das Gerücht, sie könne eine alte Gerichtsstätte markieren und als Hängebaum gedient haben, an dem die zum Tod Verurteilten aufgeknüpft wurden. Den ersten Hinweis auf die mächtige Eiche fanden wir im Büchlein »Eichen in Bayern – Eine Dokumentation aller Naturdenkmäler«, verfasst von dem Naturfreund Erwin Bauereiß. Der Baum ist darin auf Basis alter behördlicher Daten mit 7,5 m Stammumfang angegeben.

Standort:

200 m südöstlich Gollingkreut westlich Schrobenhausen, an der Straße nach Öd.

Mammutbaum auf der Insel Mainau

Kreis Konstanz
Alter: um 140 Jahre
Stammumfang (2006): 9,55 m 186

Weit im Süden der Republik liegt im Bodensee eine kleine Insel, die Vielen als die »Blumeninsel« bekannt ist. Die Hausherrin der Insel, Gräfin Sonja Bernadotte auf Wisburg, besitzt ein wahres Idyll. Nicht nur schöne Blumenarrangements finden Naturbegeisterte dort, sondern auch kleine architektonische Meisterwerke usw. – die Brunnenarena, die italienische Blumen-Wassertreppe und die Rosenanlage. Wahre Begeisterung ist auch Baumfreunden gewiss, wenn sie das Arboretum der Insel durchstreifen. Hier hat Großherzog Friedrich I., dessen besondere Leidenschaft seltenen Gehölzen aus aller Welt galt, ganze Arbeit geleistet. Zedern, Küstenrotholz, Scheinzypressen, Riesenlebensbäume, Japanische Zierkirschen und Tannen in den unterschiedlichsten Ausprägungen säumen die Wege. Auf dem höchsten Punkt der Insel bleibt der Blick an einem gewaltigen Mammutbaum *(Sequiadendron giganteum)* kleben, der sich als mächtigster seiner Art in unserem Land herausgestellt hat. Mit den 9,55 m Stammumfang in 1 m Höhe über Boden können seine altersgleichen Artgenossen auf den Höhenzügen des Schwarzwaldes nicht mithalten. Es ist vorstellbar, dass die schnellwüchsigen Exoten aus den USA eines Tages die dicksten Bäume in unserem Land stellen werden (Foto oben).

Standort:

Auf der Insel Mainau im Bodensee. Info-Tafeln weisen den Weg.

Gissibelhoflinde

Stadtkreis Kempten
Alter: 350–400 Jahre
Stammumfang (2006): 11,33 m 187

»Wenn der Kemptner seinen lieben Mariaberg aufsucht, der eine reiche Fülle genussreicher Spaziergänge bietet, so wählt er gern den Weg durch den landschaftlich überaus reizvollen Kalbangsttobel. Ist man hier auf der Höhe angekommen und wendet sich dann nach Norden, so taucht bald vor den Augen der prachtvolle Baum auf, ein Anblick, ebenso packend im Winter, wenn das reiche Geäste in seinem ebenmäßigen Aufbau sich offenbart, wie zur Sommerzeit, wenn alle Zweige in jugendfrischem Grün des vollen Laubes prangen«. So heißt es wunderbar altmodisch überfrachtet in einem Beitrag über die uralte Linde nahe dem heutigen Hof Prestlings.

Was hat es mit dem Baum auf sich, der so einsam auf seiner flachen Anhöhe »prangt«? Lauschen wir weiter dem Bericht aus alten Tagen: »Wir haben hier eine Hoflinde vor uns, die den Hof, vor dem sie einst gepflanzt war, überdauert hat. Denn dieser Hof, der den uralten Namen Gissibel führte, ist verschwunden. Nur dürftige Reste der Grundmauern konnte man vor etlichen Jahrzehnten noch wahrnehmen. Der schöne, stolze Hof Prestlings, der eine gute Strecke weiter westlich steht, ist erst viel später erbaut worden. Die herrliche Linde aber, deren Stamm einen Umfang von 7,20 m aufweist, und deren hochragender Wipfel weit hinaus ins Illertal grüßt, kündet noch immer von jenem Bauerngeschlechte, das wohl zu den ältesten Siedelleuten der Gegend gehört hat.«

Wir entnehmen dem Bericht, der Anfang der 1930er-Jahre entstand, nicht nur die Herkunft der Linde – sie begann als landschaftsprägende Hoflinde –, sondern auch eine verwirrende Notiz über ihren Stammumfang. Ist es überhaupt vorstellbar, dass ein Stamm binnen 70–80 Jahren derart gewaltig zunimmt? Zwar ist der Stamm durch 2 Spalten weit geöffnet, doch die verbliebenen Stammhälften sind nicht auseinandergedriftet, sondern fast aufrecht geblieben. Wieder einmal haben wir ein Lindenmysterium vor Augen.

Standort:

Auf einer kleinen Anhöhe 250 m östlich Hof Prestlings westlich Kempten im Allgäu.

Eibe bei Schindelberg

Kreis Oberallgäu
Alter: 400–480 Jahre
Stammumfang (2006): 4,83 m

188

»Die Schindelberger Eibe war völlig in Vergessenheit geraten«, heißt es in der Zeitschrift »Eibenfreund«, Jahrbuch 2005. Die älteste Notiz über sie stammt von 1930 und steht in den bayerischen »Blättern für Naturschutz und Naturpflege«. 2 Eibenforscher, Hubert Rößner und Hermann Rüth, gingen der alten Spur im Jahr 2004 nach und befragten örtliche Bauern. Und siehe da, die Eibe existiert noch! Sie steht in 950 m Meereshöhe am Rotzgraben oberhalb Schindelberg. Es ist ein weibliches Exemplar, dessen Stamm sich in Kopfhöhe in 2 Achsen trennt. Das Format hat sich wie folgt verändert: 1930 betrug ihr Stammumfang 4,38 m, die beiden Achsen hatten 2,80 und 2,50 m Umfang. Im Jahr 2006 betrug der Stammumfang 4,83 m, die beiden Achsen hatten 3,38 und 2,90 m Umfang.

Bäume sind und bleiben ein Rätsel. Nimmt man vom Keimlings- bis zum Greisenstadium gleichförmiges Wachstum an, so lassen sich ganz verschiedene Altersrückschlüsse ziehen. Der Hauptstamm: rekonstruiert 816 Jahre. Die starke Achse: rekonstruiert 443 Jahre. Die dünne Achse: rekonstruiert 551 Jahre. Merkwürdig ist, dass die starke Achse stärker zugenommen haben soll als der Stamm selbst. »Sein Zustand ist schlecht«, so berichten die 2 Wiederentdecker über die angegriffene Gesundheit des Baumes und beklagen »viele dürre Äste« und eine schwache und gelbliche Benadelung. Der Grund ist einfach und wäre leicht zu beheben. Unterhalb der Eibe wurde ein Rückeweg angelegt, der als Staudamm wirkt. Ein Betonrohr würde genügen, um das Wasser abfließen zu lassen.

Standort:
In Schindelberg westlich Steibis der Ortsdurchfahrt 300 m bergauf in südlicher Richtung folgen. Auf Höhe des Parkplatzes den Rotzbach queren und weitere 300 m südwärts gehen. Rechts des Weges am Bach.

Ahorn bei Steibis

Kreis Oberallgäu
Alter: 250–325 Jahre
Stammumfang (2006): 6,52 m

189

In topographischen Karten der Region um Steibis sind oberhalb des Naturdenkmals »Ureibe« noch 2 weitere Baum-Signaturen eingezeichnet. Was diese zu bedeuten haben, erfuhren wir durch den Baumfreund Hubert Rößner aus Waltenhofen. Es stellte sich heraus, dass die Entdeckerfreude nicht bei der Ureibe in 950 m Höhe über Null abbrechen muss, sondern sich bei 2 bemerkenswerten Bergahornen *(Acer pseudoplatanus)* weiter oben fortsetzen kann.

An der ganzjährig geöffneten Oberstiegalpe führt in 1172 m über Null der Saumpfad weiter in Richtung Falkenhütte. Bald taucht der urige Bergahorn am Wegrand auf, knorrig und breit am Steilhang. Er ist schon ein gewaltiger Bursche. Kinder können in seinem hohlen Stamm mit Leichtigkeit verschwinden, erwachsene Personen dagegen müssen in gebückter Haltung hineinkriechen, um Einblick zu gewinnen. Bilder sagen mehr als tausend Worte. Vielleicht ist dieser untere Bergahorn der schönste im ganzen Land. Bernd Ullrich war bei seinem Fotobesuch davon überzeugt. Einen weiteren Kilometer aufwärts steht der 2. Bergahorn mit Signatur. Er wirkt morbider, die Südseite ist stark geöffnet, die Krone reduziert. Aber auch dieses Exemplar ist mit 5,28 m Stammumfang beachtlich.

Standort:
Von der Oberstiegalpe südlich Steibis 400 m Richtung Falkenhütte gehen. Am Wegrand.

Steinesammler-ahorn bei Schloss Linderhof

Kreis Garmisch-Partenkirchen
Alter: 250–375 Jahre
Stammumfang (2006): 6,29 m

190

Geführt von dem langjährigen Bergsteiger Josef Steiger, erlebten wir auf dem Weg hinauf zum Bäckenalmsattel, hoch oberhalb Schloss Linderhof, wie sich die Vegetation verändert. Bergahorne *(Acer pseudoplatanus)* treten in etwa 1400 m Höhe hervor, zuerst vereinzelt, dann grüppchenweise, zuletzt als knorriger Ahornwald. Unten im Tal entsteht gerade ein junger Ahornschluchtwald. Hier drängen sich die Ahornbäumchen als dichte Hecke.

Was für ein Kontrast, wenn man danach die uralten Ahornrecken auf der anderen Talseite aufsucht. Man bemerkt sie zunächst gar nicht. Im Vergleich zur imposanten Alpenwelt erscheinen einzelne Bäume beinahe winzig. In vorsichtigen Schritten durch mannshohe Hochstaudenfluren stapfend, erkennt man schließlich ihre wahre Größe. Da gibt es zum Auftakt den urigen »Spaltahorn«, dann weiter drüben, wo es steiler wird, den »Verwachsenen Ahorn«, von dem sich nicht mit Sicherheit sagen lässt, ob es wirklich nur 1 Baum ist. Und zuletzt, auf der steilen Geröllhalde oberhalb des Bachlaufs, den Höhepunkt des gesamten Vorkommens: den wunderbaren »Steinesammlerahorn«. Gesteinsbrocken, die von der Felswand weiter oben herabgestürzt sind, hat der Ahorn dekorativ in seiner Stammöffnung aufgefangen. Ein Baum voller Charakter und Charme inmitten der Bergwildnis.

Standort:

Westlich Schloss Linderhof führt das Sägertal hinauf zum Bäckenalmsattel. Etwa auf Höhe der verfallenen Bäcken-Alm südlich jenseits des Sägertalbaches.

Antenberglinde bei Obersalzberg

Kreis Berchtesgadener Land
Alter: 350–370 Jahre
Stammumfang (2004): 9,12 m 191

Hinter dem »Antenberg« bei Obersalzberg verbirgt sich eigentlich der »Entenberg« oder »Antnbichl«, wie es im Bayerischen heißt. Dort, wo heute die alte Linde steht, war früher ein Hof mit Entenweiher – das 1386 erstmalig urkundlich erwähnte Antenberglehen. 1904 eröffnete Dr. Carl Ritter von Linde, der Erfinder des Kühlschranks, in der Nähe ein Hotel als Sommerfrische. Aber das ist schon wieder Vergangenheit, und die Linde kämpft ihrerseits darum, nicht allzu bald der Vergangenheit zugerechnet zu werden.

In dem Büchlein »Wege zu alten Bäumen – Ausgabe Bayern«, erschienen im Jahr 1990, heißt es über den Zustand der Linde: Der »mächtige Gipfel ist abgebrochen und liegt daneben«. Dieses riesige Bruchstück ist mittlerweile verschwunden. Wie ein gewaltiger, hohler Holzklotz stellt sich die Antenberglinde heute dar. Die Gemeinde, eine der Wiegen des Tourismus in Bayern, hat sich auf die guten Tage des 19. Jahrhunderts zurückbesonnen, wobei auch der urigen Linde eine positive Rolle zufallen könnte. Aber zuvor gilt es wohl noch, einen schlimmen »Bruch« in der Ortsgeschichte zu bewältigen. Das bis auf die Grundmauern zerbombte »Führerhauptquartier« Hitlers, einst idyllisch am »Berghof« des Obersalzberges gelegen, ist wie ein Gleichnis auf zahllose moralische und bauliche Trümmerstätten, die der Nationalsozialismus in Deutschland hinterlassen hat.

Standort:

Östlich Berchtesgaden die Serpentinen der B 319 in östlicher Richtung bergauf fahren. Unterhalb des Kreisverkehrs und des neuen Museumskomplexes in der Beuge einer scharfen Linkskurve rechts in den hangparallelen Waldweg einbiegen. Nach 100 m links am Wegesrand.

Birne bei St. Georgen

Kreis Berchtesgadener Land
Alter: 200–275 Jahre
Stammumfang (2006): 5,50 m 192

Die prächtigste Birne des Landes steht nicht, wie an sich zu erwarten, in der milden Bodenseeregion, sondern im nördlichen Berchtesgadener Land, das früher den Habsburgern zugeordnet und ins Erzbistum Salzburg integriert war. Die Birnensorte stammt aus dem benachbarten »Obstviertel« im Nordwesten Österreichs, eine Mostbirne mit recht kleinen Früchten. Stamm und Krone haben sich dafür um so üppiger entwickelt: Mindestens 19 m Kronendurchmesser und geschätzte 17 m Wuchshöhe hat der Birnbaum aktuell erreicht.

Standort:

Am Rand des Gehöftes St. Georgen südöstlich Teisendorf.

Kandelaberfichte bei Bayrischzell

Kreis Rosenheim
Alter: um 250 Jahre
Stammumfang (2006): 5,06 m

193

Am Samstag, den 7. Oktober 2006, klingelte beim Deutschen Baumarchiv in Gießen das Telefon. Der Bergsteiger und Buchautor Rudolf Steiger aus Germering bei München meldete einen erstaunlichen Fund. Beim Steinpilzesammeln am Tagweidkopf unterhalb des Wendelsteins war er völlig unverhofft auf riesige Kandelaberfichten gestoßen. Doch die freudige Nachricht wurde mit Sorge überbracht. In der Nähe der Fichten hatten sich 2 Personen über geplante Rodungsarbeiten unterhalten. Das Ganze hatte sich angehört, als seien die uralten Wetterfichten, gerade erst entdeckt, schon wieder bedroht.

Es dauerte Tage, bis sich Genaueres herauskristallisierte. Nicht zum Landkreis Miesbach, sondern zu Rosenheim gehört das gut 200 mal 400 m große Areal mit den ungewöhnlich geformten, im Freistand aufgewachsenen Kandelaberfichten. Grundeigentümer ist der Freistaat Bayern. Die Alm selbst wird von einer Gemeinschaft von Almbauern betrieben. Es bleibt zu hoffen, dass kein akutes Risiko besteht und die einzigartigen Wetterfichten nicht etwa einer Almerweiterung zum Opfer fallen. Für landwirtschaftlich benachteiligte Gebiete, insbesondere die hoch gelegenen Almen der Bergbauern, gibt es nämlich eine EU-finanzierte Ausgleichszulage von bis zu 200 Euro pro Hektar offener Fläche.

Das Foto zeigt die dickste der Fichten. Für sie und die anderen Exemplare mit der seltenen Wuchsform hat das Deutsche Baumarchiv am 27. Oktober 2006 die Ausweisung als Naturdenkmal beantragt. Es wäre schön, wenn eines Tages die grün-weißen Naturdenkmalsplaketten mit dem Seeadler oder das gelbe Schild mit der Eule die Schutzwürdigkeit der Bäume offiziell machen würden.

Auf dem Sudelfeld standen früher zahlreiche herrliche Kandelaberfichten. Heute ist es ein bekanntes Ski-Gebiet. Aus Renger-Patzsch, 1962.

Standort:

Vom Sudelfeldpass führt der Steig zum Wendelstein nach rund 150 Höhenmetern nahe an der asphaltierten Serpentinenstraße zur Lacher Alm vorbei. Ein schmaler Waldweg führt hier in 1475 m über NN links unterhalb (westlich unterhalb) in den parkartig lichten Fichtenwald am Fuß des Tagweidkopfes hinein. Nach 80 m am Wegesrand.

Linde bei Leipheim

Kreis Günzburg
Alter: 300–400 Jahre
Stammumfang (1994): 10,05 m

194

Die Winterlinde *(Tilia cordata)* am Ortsrand von Leipheim an der Donau ist ein Naturereignis. Bei ihrem Alter sind Zahlen »Schall und Rauch«. Wohl 400 Jahre lang hat sie dem Wechsel von Frühling, Sommer, Herbst und Winter standgehalten. Ihre Schönheit und Lebenskraft blieb ungebrochen. Einen Brand im Jahr 1979 hat der Baum gut überstanden. Auch der Jahrhundertorkan Lothar, der Weihnachten 1999 den Süden des Landes heimsuchte, konnte die Linde nicht bezwingen. Er hinterließ einen mehrere Meter langen schmalen Riss im Stamm, der nach erfolgter Sanierung im Jahr 2000 hoffentlich bald wieder verheilt.

Zur Baumhistorie: Leipheim wurde 1330 zur Stadt erhoben. Bereits im nächsten Jahrhundert, im Jahr 1453, erfolgt die erste Erwähnung einer Linde bei Leipheim in einer Kaufurkunde zwischen Graf Ulrich von Württemberg und der freien Reichsstadt Ulm. In einem Kaufbrief aus dem Jahr 1581 taucht die Flurbezeichnung »Uff der Linden« auf, und seit 1675 ist im Stadtbuch von Leipheim die Gemarkungsbezeichnung »Auf der Linden« bezeugt.

Nahe dem Baum wurde Geschichte geschrieben. Der »Leipheimer Haufen«, ein Zusammenschluss von etwa 6000 freiheitsliebenden Bauern und Söldnern aus Leipheim, Teilen Schwabens und dem angrenzenden Württemberg, wurde am 4. April 1525 im Bauernkrieg vernichtend geschlagen. Ihr Anführer, Pfarrer Jakob Wehe aus Leipheim, wurde mit weiteren Bundesgenossen in der Nähe der Linde enthauptet. Zu anderen historischen Kriegszeiten zogen auf der südlich gelegenen Heerstraße Truppen aus aller Herren Länder vorbei. Inzwischen ist es zum Glück friedlicher geworden um die schöne Linde. Früher erhob sich in der Nachbarschaft der Linde noch der »Burgberg«, ein vorzeitliches Riesengrab mit über 30 m Durchmesser und 6 m Höhe. Ein Fürst der Eisenzeit, möglicherweise ein Stammesherr der Vindeliker, wurde dort 500 Jahre v. Chr. mit Schlachtross, Jagdhund und Waffen brandbestattet. Gut vorstellbar, dass an diesem besonderen Ort zu späteren Zeiten auch Thinggerichte abgehalten wurden.

Heutzutage fasziniert die Linde durch ihre ungewöhnliche Größe und Gestalt. Ihr monumentaler Stamm trägt eine ausladende Rundkrone von gut 30 m Durchmesser. Wer Glück hat und die harmonische Linde an einem sonnigen Oktoberabend antrifft, erlebt das berauschende Farbenspiel des goldenen Herbstlaubs. Plötzlich ist sie wieder greifbar: die goldene Kugel der Kindheit, die in einen tiefen Brunnen gefallen ist und nur von einem Frosch heraufgeholt werden kann. Das »Deutsche Baumarchiv« trägt das Bild der Linde mit goldenem Herbstlaub in seinem Logo.

Standort:

»Auf der Linden« am südlichen Stadtrand von Leipheim.

Baumsanierung

Zeitgemäße Sanierungsmethoden bieten inzwischen vielfältige Möglichkeiten, einen alten Baum gesund und standsicher zu erhalten, wobei das Gute wie so oft mit einer Negativliste beginnt. Der Boden rund um den Baum sollte nicht versiegelt oder verdichtet werden, sodass Regenwasser und Luftsauerstoff ins Erdreich gelangen können.

Wenn Erdarbeiten in der Nähe der Baumscheibe nicht zu vermeiden sind, so dürfen Starkwurzeln auf keinen Fall verletzt werden. Wasserführende Schichten wie Lehm oder Ton dürfen nicht durchstoßen werden, weil das Grundwasser sonst in unerreichbare Tiefe absinkt.

Stützen, Halterungsseile und ähnliche mechanische Sicherungen des Baumes dürfen die Saftbahnen in Stamm und Ästen nicht abschnüren. Im Stamm entstandene Öffnungen sollten besser nicht wieder verschlossen werden, auch nicht mit »Scheinplomben«. Besonders alte Solitärbäume verdienen einen Respektabstand und sollten nicht von jungen Bäumen bedrängt werden. Ausreichendes Sonnenlicht ist hier auf Dauer überlebenswichtig.

Die Positivliste beginnt mit dem vorsichtigen Ausräumen des hohlen Stammes, wobei das gesunde Holz nicht angetastet werden darf. Holz zerstörenden Pilzen wird so die Nahrungsgrundlage entzogen und durch den geöffneten Stamm kann Zugluft eindringen, sodass der weitere Holzabbau durch Schadpilze erschwert wird. Stark vermorschte Äste sollten fachmännisch entfernt werden.

Bei Astbrüchen oder sonstigen katastrophalen Verletzungen des Baumes ist eine rasche Erste Hilfe angezeigt. Durch das saubere Ausschneiden und atmungsaktive Versiegeln der Wundränder wird die nachfolgende Heilung und Überwallung erleichtert.

Gut tut es einem alten Baum auch, wenn in seinem Traufbereich bodenverbessernde Pflanzen angesät werden oder dem über die Jahrhunderte hinweg ausgezehrten Boden eine langsam wirkende Mineraldüngung verabreicht wird, am besten in organischer Form.

Auch die Wiederansiedlung von geeigneten Mykorrhiza-Pilzen im Erdreich scheint eine Revitalisierung zu bewirken. Diese nützlichen Pilze bilden eine Symbiose mit den Baumwurzeln.

195 *Gegensätzliche Überlebensstrategien von Eiche und Linde: Die »Dicke Eiche« nördlich des Forsthauses Bohnenland (nördlich Brandenburg) hat die Lehm- und Ziegelsteinfüllung von 1956 fest überwallt. Umfang 8,65 m, Alter 300–430 Jahre (links).*

196 *Die Linde im Garten von Kloster Prüfening (westlich Regensburg) hat sich von einer alten Ausmauerung gelöst. Umfang 8,90 m, Alter etwa 350 Jahre (unten).*

Baumschutz

Der Naturforscher Alexander von Humboldt prägte im Jahr 1800 den Begriff »Naturdenkmal«, als er im Norden Venezuelas einen das Landschaftsbild beherrschenden, gewaltigen Baum zu Gesicht bekam. Solche Naturdenkmale waren es auch, die am Anfang des Naturschutzgedankens in Deutschland standen.

Heute ist es wichtig, sich auf diese Anfänge zu besinnen. Die Fronten zwischen Baum und Mensch, zwischen Wald und Zivilisation, sind nach wie vor an vielen Orten verhärtet. Zahllose Baumschicksale wurden in jüngster Zeit unter Asphalt besiegelt oder in weit zurückliegender Vergangenheit der Ausdehnung unseres Kulturlandes, Äckern und Weiden, geopfert. Wo heute neue Siedlungs- und Gewerbegebiete erschlossen werden, ist nach wie vor Schluss mit natürlichem Grün. Wo neue Straßen gebaut werden, sind es die Bäume, die zuerst »aus dem Verkehr gezogen« werden. Was übrig bleibt, ist Technikwüste, zweckdienliche Infrastruktur, verödete Landschaft – gezähmte Natur bloß als Randerscheinung. »Die Wälder gehen den Völkern voran, die Wüsten folgen ihnen«, so hatte es der französische Schriftsteller Francois René de Chateaubriand im 19. Jahrhundert in warnende Worte gefasst.

Zum Glück ist seit über 100 Jahren eine gegenläufige Tendenz zu beobachten. Prioritäten verändern sich. Nachdem die Landwirtschaft den deutschen Wald jahrhundertelang auf arme Böden verdrängt hat, kehrt er mancherorts in sein angestammtes Revier zurück. Der ökologische Landbau versteht Wälder, Bäume und Hecken nicht mehr als Flächenkonkurrent, sondern klugerweise wieder als Partner. In den Kernzonen der Naturschutzgebiete, Biosphärenreservate, Naturparks und Nationalparks kehrt der Urwald langsam zurück. Und in der Stadt- und Landschaftsplanung finden vernünftige Stimmen Gehör, die für eine nachhaltige Nutzung der begrenzten Räume und gegen eine weitere Fragmentierung der Landschaft eintreten. Das erscheint als der richtige Weg. Wenn immer mehr Menschen in Deutschland ihn betreten und dabei intelligent und ökologisch vorgehen, so wird an seinem Ende ein fortschrittliches und schönes Land stehen, in dem es wieder klare Bäche, unberührte Wälder und viel frische Luft zum Atmen gibt. Die alten Bäume, von denen dieser Bildband handelt, wären dann wieder das, was sie originär sein sollen: nicht Relikte, sondern Höhepunkte der natürlichen Landschaft.

Doch viele Naturschätze Deutschlands sind in der Vergangenheit bereits unwiederbringlich verloren gegangen. Vor diesem dunklen Hintergrund leuchtet umso heller auf, was an Naturwundern durch beherztes menschliches Eingreifen bis dato erhalten werden konnte. Naturfreunde, Naturschutzverbände und staatliche Stellen haben hier gemeinsam große Verdienste.

Die erste großangelegte Inventarisierung alter Bäume unter Schutzaspekten fand im Deutschen Kaiserreich statt. Die überragende Persönlichkeit dieser frühen Jahre war Hugo Conwentz (1855-1922), ein Danziger Mennonit, der heute als Begründer der Naturschutzbewegung in Deutschland und wichtigster Ideengeber für den europäischen Naturschutz gilt. Als Direktor des Westpreußischen Provinzialmuseums für Natur, Geschichte, Gewerbe und Kunst in Danzig, gab er 1900 das erste »Forstbotanische Merkbuch« für das Königreich Preußen heraus. Darin sind die beachtenswerten und schutzwürdigen Sträucher, Bäume, Felsformationen und Pflanzengesellschaften Westpreußens dokumentiert. Andere Autoren zogen für die übrigen preußischen Provinzen nach: 1905 für Pommern und Hessen-Nassau, 1906 für Schleswig-Holstein, 1907 für Hannover. Schon im Jahr 1906 wird Conwentz zum Leiter der neu geschaffenen »Staatlichen Stelle für Naturdenkmalspflege in Preußen« ernannt – die Geburtsstunde des staatlichen Naturschutzes. Seine Denkschrift über »Die Gefährdung der Naturdenkmäler und Vorschläge zu ihrer Erhaltung (1904)« fasst die bis heute gültigen Grundgedanken der Naturdenkmalpflege zusammen.

Die berühmteste geleitete Linde Deutschlands stand einst in Neuenstadt am Kocher. Ob die Abstützung der Äste auf 80 steinernen Säulen ihr Leben verlängert hat?
Aus »Jahreshefte des Vereins für vaterländische Naturkurkunde in Württemberg«, 1868.

197 *Der Stamm der Eiche in Albshausen (westlich Wetzlar) wurde 1966 ausgeräumt, innen abgedechselt und verstrebt. Umfang 8,05 m, Alter zirka 400 Jahre.*

Zur gleichen Zeit am andern Ort schreibt der durch Kleinasien, Nordafrika, Skandinavien und Sibirien weitgereiste Naturfreund, Friedrich Stützer, Baumgeschichte. Als Inspektor der königlich bayerischen Staatseisenbahnen in München bereist er mit der schweren Plattenkamera ganz Bayern. Wo die Schienen enden, geht es mit der Kutsche und schließlich zu Fuß weiter. Sein selbst finanziertes Werk »Die größten, ältesten oder sonst merkwürdigen Bäume Bayerns in Wort und Bild« erscheint in 4 Bänden in den Jahren 1900 bis 1905 und ist in seiner Qualität und Materialfülle bis heute für dieses Gebiet unübertroffen. Traurig ist dagegen das Lebensende des großen Mannes. 6 Jahre nach dem Tod seiner geliebten Frau und Mitarbeiterin, Betty Stützer, kehrt er einsam und malariakrank von einer Auslandsreise heim. Als sein Haus wegen eines Ansteckungsvorwurfs unter Quarantäne gestellt wird, versinkt Stützer in Depressionen und ertränkt sich 1910 in der Isar.

Der Botanikprofessor und zeitweise Rektor der »Großherzoglichen Technischen Hochschule Fridericiana zu Karlsruhe«, Prof. Dr. Ludwig Klein (1857-1927), verewigte in seinem 1908 erschienenen Bildband die »Bemerkenswerten Bäume im Großherzogtum Baden«. Damit setzte er vor allem den letzten Wetterfichten und -tannen des Schwarzwaldes, jenen »Bildern urwüchsiger (...) Kraft und nahezu unverwüstlicher Lebenszähigkeit, (...) die ungeachtet ihrer exponierten Lage jedem Unwetter Trotz bieten« ein bleibendes Denkmal. Sie verschwanden binnen weniger Jahrzehnte (fast) spurlos aus der Landschaft.

Im benachbarten Königreich Württemberg publizierte 1911 Forstmeister Prof. Otto Feucht (1879-1971) das »Schwäbische Baumbuch« und rundete den landesweiten Trend zur Bestandsaufnahme nach Süden hin ab.

Erster Weltkrieg, Ende des Kaiserreichs, Reparationszahlungen, die Weltwirtschaftskrise, Nationalsozialismus, völkische Ideologie auch im Naturschutz und schließlich das Schuldtrauma des Zweiten Weltkriegs bewirken danach tiefe moralische und monetäre Zäsuren in der deutschen Naturdenkmalpflege. Für Ideale fehlt zuletzt jede Kraft, man klammerte sich an materielle Werte.

In den Jahren des inneren und äußeren Wiederaufbaus keimt in Westdeutschland die Idee des Naturdenkmalschutzes nur sehr zögerlich wieder auf. Es herrscht die große »Flurbereinigung«. Der Naturschutz gerät im allgemeinen Wirtschaftsaufschwung ins Abseits, Naturschutzgedanken werden »begradigt und eng eingefasst«.

Der Pionier der sog. »Baumchirurgie« in Deutschland, Michael Maurer (1905–1980), bringt in dieser Zeit die neuen Erkenntnisse amerikanischer Baumpfleger ins Land und behandelt zahlreiche bedeutende Naturdenkmale unseres Landes. Bekannt wird er für seine »Scheinplomben«, mit denen er Lücken im Stamm exakt verschließt, wodurch das alte Stammbild wieder hergestellt wird.

Viele seiner Behandlungsmethoden gelten heute jedoch wieder als überholt. »Baumchirurgie« ist nicht mehr zeitgemäß. Es hat sich herausgestellt, dass menschliche Eingriffe Bäumen nur selten nützen und dass Bäume am ehesten selbst in der Lage sind, erkrankte Stellen abzuschotten.

In den 1980er-Jahren tritt eine neue Generation von Baumhütern in Erscheinung. Der hessische Forstmann Hartwig Goerss (1911-1998), geboren in Berlin, lernt im forstlichen Entwicklungsdienst in Südamerika die immer gleichen Mechanismen der Umweltzerstörung kennen und setzt sich hierzulande für die Wälder als natürliches Ordnungsprinzip ein, ohne die es »keinen Bodenschutz, keinen Wasserhaushalt und keinen ausreichenden Sauerstoff« geben kann. Seine »große Liebe gilt den Bäumen, insbesondere den greisen Recken aus längst vergangener Zeit«, und sein Bildband »Unsere Baumveteranen« vom Jahr 1981 stellt 70 solche Baumveteranen der Bundesrepublik (ohne DDR) vor. Erstmalig ist damit ein Bildband zum gesamten (westlichen) Bundesgebiet auf dem Markt.

1984 beginnt das nachhaltige Wirken eines weiteren hessischen Forstmannes. Hessens damaliger Landesforstmeister, Prof. Dr. Hans Joachim Fröhlich, weckt in Kooperation mit Künstlern und Naturfreunden viel Sympathie für die alten Bäume der jungen Republik. Er publiziert zwei reich illustrierte Bildbände – zunächst über »Alte liebenswerte Bäume in Hessen« (1984), später über solche in ganz Deutschland (1989) inklusive einiger Exemplare aus der gerade noch existierenden DDR.

Das von ihm ins Leben gerufene »Kuratorium alte liebenswerte Bäume in Deutschland e.V.« geht weiter ins Detail und erfasst in den 1990-er Jahren interessante Bäume in allen Bundesländern. In Zusammenarbeit mit der Schutzgemeinschaft Deutscher Wald, Forstämtern, Behörden und Privatpersonen können rund 3500 interessante Bäume in den alten und neuen Bundesländern zusammengetragen und als 12-bändige Taschenbuchreihe »Wege zu alten Bäumen« veröffentlicht werden.

Auch unser Bildband »Deutschlands alte Bäume«, erstmalig erschienen im Jahr 2002, fügt sich in diese über 100-jährige Tradition der Naturdenkmalpflege und Naturdokumentation ein. In konzentrierter Form widmet er sich den ältesten und stärksten Bäumen unserer Republik und kann als eine Fortsetzung und Intensivierung des Naturschutzgedankens für dieses eng umgrenzte Feld verstanden werden. Wir hoffen sehr, dass »Deutschlands alte Bäume« einen Beitrag dazu leistet, den Wert und die Schönheit unserer Baum-Naturdenkmale sichtbar zu machen. Sie bilden nicht nur einen unverzichtbaren Bestandteil unseres nationalen Natur- und Kulturerbes. Sie sind auch ein Teil der unwiederholbaren Schöpfung.

198 *An der 400–450 Jahre alten Linde in Stennweiler, im Kreis Neunkirchen, befand sich früher ein Gong, mit dem die Einwohner zusammengerufen wurden. Ein baumchirurgischer Eingriff verwandelte den einst 9 m Umfang messenden Stamm in ein skurriles Gebilde.*

Literaturverzeichnis

Die Werke sind nach ihrem Erscheinungsjahr geordnet.
Zusammenstellung: Bernd Ullrich

International

MIELCK, EDUARD: Die Riesen der Pflanzenwelt. (136 S. + 16 T.), G.F. Winter'sche Buchhandlung, Leipzig; 1863
EGGMANN, VERENA & B. STEINER: Baumzeit. Magier, Mythen und Mirakel. (288 S.), Werd-Verlag, Zürich; 1995
KIEDROWSKI, RAINER, J. VILLWOCK & W. RÜHM: Bäume dieser Welt. Unübertroffen im Überleben. (146 S.), Naturbuch Verlag, Augsburg; 1997
LEWINGTON, ANNA & E. PARKER: Alte Bäume. Naturdenkmäler aus aller Welt. (192 S.), Bechtermünz, Augsburg; 2000
WITTMANN, RUDOLF: Die Welt der Bäume. (160 S.), Ulmer, Stuttgart; 2003
PAKENHAM, THOMAS & S. KÜHN: Bäume der Welt. Eine faszinierende Reise zu den außergewöhnlichsten Bäumen. (216 S.), Reader's Digest, München; 2005
PATER, JEROEN: Europas alte Bäume. Ihre Geschichten, ihre Geheimnisse. (192 S.), Kosmos, Stuttgart; 2007

Deutschland

GOERSS, HARTWIG: Unsere Baumveteranen. (151 S.), Landbuch Verlag, Hannover; 1981
RENGER-PATZSCH, ALBERT & E. JÜNGER: Bäume. Photographien schöner und merkwürdiger Beispiele aus deutschen Landen. (18 S. + T. 1-65), C.H. Böhringer & Sohn, Ingelheim; 1962
WIEBKING, HEINRICH F.: Umgang mit Bäumen. (346 S.), BLV, München; 1963
BAUER, WILFRIED & P. SCHILLE: Grüne Patriarchen. Von den ältesten Bäumen der Bundesrepublik Deutschland. (48 S.), Institut für Auslandsbeziehungen, Stuttgart; 1985
LEMKE, KARL & H. MÜLLER: Naturdenkmale. Bäume, Felsen, Wasserfälle. (DDR-Touristik-Führer, 333 S.), Wolfgang Stapp Verlag, Berlin; 1988
FRÖHLICH, HANS J.: Alte liebenswerte Bäume in Deutschland. (384 S.), Cornelia Ahlering Verlag, Hamburg; 1989
DUHME, FRIEDRICH: Programm zum Erhalt bemerkenswerter Baumgestalten in der Bundesrepublik Deutschland. (99 S. + 6 T.), Allianz-Stiftung zum Schutz der Umwelt, Freising; 1999
FRÖHLICH, HANS J.: Alte liebenswerte Bäume in Deutschland. (512 S., 2. , erw. Aufl.), Cornelia Ahlering Verlag, Hamburg; 2000
KÜHN, STEFAN, B. ULLRICH & U. KÜHN: Deutschlands alte Bäume. (160 S.), BLV, München; 2002
POTT, ECKART: Faszination Baum. (200 S.), BLV, München; 2003
SPERBER, GEORG & S. THIERFELDER: Urwälder Deutschlands. (160 S.), BLV, München; 2004
LENZING, ANETTE: Gerichtslinden und Thingplätze in Deutschland. (192 S.), Langewiesche, Königstein i.Ts.; 2004
KÜHN, UWE, S. KÜHN & B. ULLRICH: Bäume, die Geschichten erzählen. Von Tanzlinden und Gerichtseichen, Baumheiligtümern und Gedenkbäumen in Deutschland. (160 S.), BLV, München; 2005
SCHREIER, HELMUT & H.-H. POPPENDIECK: Baumland. Portraits von alten und neuen Bäumen im Norden. Zwölf ungewöhnliche Exkursionen durch Norddeutschland. (240 S.), Murmann Verlag, Hamburg; 2005
BEUEREIß, ERWIN: Heilige Eiche. Die ältesten Bäume Deutschlands. Ein Mythos. (280 S.), Wurzel-Verlag, Lenkersheim; 2006

Baden-Württemberg

Merkwürdige Waldbäume (im Königreich Württemberg). Monatsschrift für das württembergische Forstwesen; 1 (4), 1850; 2 (3,8,10), 1851; 5 (6), 1854; 7 (2, 5, 9, 11), 1956
KLEIN, LUDWIG: Die botanischen Naturdenkmäler des Großherzogtums Baden und ihre Erhaltung. (80 S.), Karlsruhe; 1904
KLEIN, LUDWIG: Bemerkenswerte Bäume im Großherzogtum Baden. (400 S.), Carl Winter's Universitätsbuchhandlung, Heidelberg; 1908
FEUCHT, OTTO & E. SPEIDEL: Schwäbisches Baumbuch. (106 S. + 26 T.), Verlag von Strecker und Schröder, Stuttgart; 1911
HOCKENJOS, WOLF: Begegnungen mit Bäumen. (196 S.), DRW-Verlag Weinbrenner, Stuttgart; 1978
SCHWABE, ANGELIKA & A. KRATOCHWIL: Weidbuchen im Schwarzwald und ihre Entstehung durch Verbiß des Wälderviehs. (120 S.), Veröffentlichungen für Naturschutz und Landschaftspflege, Beiheft 49, Karlsruhe; 1987
FRÖHLICH , HANS J.: Wege zu alten Bäumen. Band 12: Baden-Württemberg. (234 S. + 16 T.), WDV Wirtschaftsdienst, Frankfurt/M.; 1995

Bayern

STÜTZER, FRIEDRICH: Die größten, ältesten oder sonst merkwürdigen Bäume Bayerns in Wort und Bild. Piloty & Löhle, München; 1900 (Fasc.1), 1901 (Fasc.2), 1902 (Fasc.3), 1905 (Fasc.4)
RUESS, JOHANN: Die größten, ältesten oder sonst merkwürdigen Bäume Bayerns in Wort und Bild (begründet von Friedrich Stützer). (48 S. + 12 T.), Verlag von Piloty & Löhle, München; 1922
MÜLLER, WILHELM: »Wo diese steh'n herrscht Gerechtigkeit«: Malstätten, Gerichts- und Tanzlinden im östlichen Franken. Archiv für Geschichte von Oberfranken 51: 39-88; 1971
DOLLHOPF, HELMUT & H. LIEDEL: Die Bavaria-Buche. Der Traum vom Baum. (104 S.), Stürtz-Verlag, Würzburg; 1988
FRÖHLICH, HANS J.: Wege zu alten Bäumen. Band 2: Bayern. (204 S. + 16 T.), WDV-Wirtschaftsdienst, Frankfurt/M.; 1990
GRABE, HERBERT & H. WEINZIERL: Lindenzeit. Bäume und Landschaften. (88 S.), Buch- und Kunstverlag Oberpfalz, Amberg; 1991
KITTEL, MANFRED: Naturdenkmale in Bayern, Band 1: Oberbayern, Niederbayern, Schwaben. (157 S.), Landbuch Verlag, Hannover; 1993
BAUEREIß, ERWIN: Eichen in Bayern. Eine Dokumentation aller Naturdenkmäler. (108 S.), Bad Windsheim; 1994
SCHINZEL-PENTH, GISELA: Hexeneiche, Schwedenlärchen und Tassilolinde. Sagen, Geschichten und Legenden um berühmte Bäume in Altbayern. (176 S.), Ambro Lacus Buch- und Bildverlag, St. Ottilien; 1999
DOLLHOPF, HELMUT & H. LIEDEL: Bavaria-Buche. Abschied vom Jahrtausend-Baum. (128 S.), Elmar Hahn Verlag, Veitshöchheim; 2001
SCHRAMM, GODEHARD & E. WALTER: Sie tragen den Himmel. Bäume in Oberfranken. Heimatbeilage zum oberfränkischen Schulanzeiger 313: 1-56, Bayreuth; 2004
JANSCHECK, THOMAS: Radtouren von Baum zu Baum. Baumgeschichten im Rosenheimer Land und Chiemgau. (104 S.), Kartographischer Verlag Huber, Kiefersfelden; 2004
DEFFNER, GEORG et al.: Alte Bäume – Zeitzeugen in Bayerns Wäldern. (32 S.), Bayerische Landesanstalt für Wald und Forstwirtschaft, Freising; 2004
JANSCHECK, THOMAS: Radtouren und Baumgeschichten von Baum zu Baum im »Miesbacher Land«. (72 S.), Kartographischer Verlag Huber & Steuerer, Kiefersfelden; 2006

Berlin

GLASER, KATHRIN et al.: Naturdenkmale in Köpenick. (54 S.), Köpenick; 1995
WEISSPFLUG, HAINER: Berliner Denkmale der Natur. Eine topographische und geschichtliche Studie. (292 S.), Luisenstädtischer Bildungsverein, Berlin; 1997
VIETH, HARALD: Bemerkenswerte Bäume in Berlin und Potsdam. (224 S.), Selbstverlag Harald Vieth, Hamburg; 2004

Brandenburg

KRETSCHMANN, KURT & E. KRETSCHMANN: Beliebte Wanderziele. Naturdenkmale im Kreis Bad Freienwalde. (88 S.), Bad Freienwalde; 1971
FRÖHLICH, HANS J.: Wege zu alten Bäumen. Band 8: Brandenburg. (224 S. + 16 T.), WDV-Wirtschaftsdienst, Frankfurt/M.; 1994
RASMUS, CARSTEN & B. KLAEHNE: Wander- und Naturführer. Alte Bäume in Brandenburg. (80 S.), KlaRas-Verlag, Berlin; 1998

Hamburg

VIETH, HARALD: Hamburger Bäume. Zeitzeugen der Stadtgeschichte. (200 S.), Selbstverlag Harald Vieth, Hamburg; 1995
VIETH, HARALD: Hamburger Bäume 2000. Geschichten von Bäumen und der Hansestadt. (239 S.), Selbstverlag Harald Vieth, Hamburg; 2000

Hessen

ANONYMUS: Bemerkenswerte Bäume im Großherzogtum Hessen in Wort und Bild. (84 S. + 34 T.), Verlag von Zedler und Vogel, Darmstadt; 1904
RÖRIG, ADOLF: Forstbotanisches Merkbuch. Nachweis der beachtenswerten und zu schützenden urwüchsigen Sträucher, Bäume und Bestände im Königreich Preussen. III: Hessen-Nassau. (221 S. + 26 T.), Gebrüder Bornträger, Berlin; 1905
KANNGIESSER, FRIEDRICH: Bemerkenswerte Bäume und Sträucher in der Umgebung von Marburg. (68 S.), Verlag von W. Nitschkowski, Gießen; 1909
LÜSTER, GUSTAV: Naturdenkmäler in Nassau (1-3). (101 S.), Wiesbaden; 1913/14
FRÖHLICH, KARL: Geleitete und gestufte Linden auf hessischen Dorfplätzen. Hessenland 51 (3): 218-226; 1941
GRAF, ALBERT: Naturdenkmale im Main-Taunus-Kreis. (28 S.), Förderkreis Denkmalpflege Main-Taunus-Kreis, Heft 8, Höchst; 1983
WIEGAND, THOMAS: Bäume aus dem Werraland. Eine Fotodokumentation. (194 S.), Schriften des Werratalvereins Witzenhausen Nr. 10, Witzenhausen; 1984
FRÖHLICH, HANS J.: Alte liebenswerte Bäume in Hessen. (272 S.), Pro Terra Verlag, München; 1984
WITTENBERGER, GEORG: Der Wunderbaum von Harreshausen: Die Schöne Eiche. (79 S.), Landkreis Darmstadt-Dieburg Schriftenreihe Nr. 1, Dieburg; 1985
SCHNEIDER, CARLO & W. POTRATZ: Bemerkenswerte Bäume in den Wäldern um Darmstadt. (71 S.), Schlapp-Verlag, Darmstadt; 1986
BATHON, HORST & G. WITTENBERGER: Die Naturdenkmale des Kreises Darmstadt Dieburg. (S. 253), Landkreis Darmstadt-Dieburg Schriftenreihe Nr. 3, Dieburg; 1986
MIKOLAJCZYK, PETER & J. KRAMER: Pflanz einen Baum. Bäume im Kreis Groß-Gerau. (87 S.), Kreissparkasse Groß-Gerau; 1988
FRÖHLICH, HANS J.: Wege zu alten Bäumen. Band 1: Hessen. (168 S. + 16 T.), WDV-Wirtschaftsdienst, Frankfurt/M.; 1990
BLESSAMNN, CARL-HEINZ: Alte Bäume und andere Naturdenkmale in Hessen. (74 S.), ADAC Hessen Heimatwettbewerb Nr. 36, Frankfurt/M.; 1991
ANONYMUS (Kreissparkasse Fulda): Bäume im Landkreis Fulda. (128 S.), Verlag Parzeller, Fulda; 1991
KRAUSE, UWE & H. FRIEDEL: Naturdenkmale im Odenwaldkreis. (124 S.), Erbach; 1995
GERMEROTH, RÜDIGER, H. KOENIES & R. KUNZ: Natürliches Kulturgut. Vergangenheit und Zukunft der Naturdenkmale im Landkreis Kassel. (192 S.), Cognito-Verlag, Niedenstein; 2005

Mecklenburg-Vorpommern

WINKELMANN, JOHANNES: Forstbotanisches Merkbuch. Nachweis der beachtenswerten und zu schützenden urwüchsigen Sträucher, Bäume und Bestände im Königreich Preussen. II: Provinz Pommern. (121 S. + 27 T.), Gebrüder Bornträger, Berlin; 1905
BEYER, THEODOR: Die Naturdenkmäler in der Pflanzenwelt Rügens (2. Aufl.). (61 S.), Bergen auf Rügen; 1938

Arnswaldt, Georg von: Mecklenburg, das Land der starken Eichen und Buchen. (88 S. + 23 T.), Schwerin; 1939
Fröhlich, Hans J.: Wege zu alten Bäumen. Band 9: Mecklenburg-Vorpommern. (173 S. + 16 T.), WDV-Wirtschaftsdienst, Frankfurt/M.; 1994
Herre, Volkmar: Venus. Bäume der Insel Vilm. (80 S.), Edition Herre, Berlin; 1997
Hartmann, Mike: Die Naturdenkmale des Landkreises Demmin. (40 S.), Demmin; 1998
Pinkernelle, Raimund & R. Koch: Alte und bemerkenswerte Bäume im Land der Kraniche und Seen. (74 S.), Plawe Verlagsgesellschaft, Plau am See; 2003
Knapp, Hans-Dieter & Th. Grundner: Bäume, Alleen und Wälder in Mecklenburg-Vorpommern, Hinstorff-Verlag, Rostock; 2004

Niedersachsen

Meier, A.: Hannovers merkwürdige Bäume. Neue Hannoversche Zeitung; 1861-1862
Brandes, Wilhelm: Forstbotanisches Merkbuch. Nachweis der beachtenswerten und zu schützenden urwüchsigen Sträucher, Bäume und Bestände im Königreich Preussen. V: Provinz Hannover. (231 S.), Gebrüder Bornträger, Berlin; 1907
Ahlborn, Robert: Baumriesen Südhannovers. Göttinger Blätter für Geschichte und Heimatkunde Südhannovers 1 (3): 1-18, Göttingen; 1935
Schoenichen, Walther: Unter den Bäumen einer alten Reichsstadt. Baumbuch der Stadt Goslar. (102 S.), Hannover; 1952
Klingenberg, Hans H. & A. Schulte strathaus: Der Hasbruch. Alte Eichen erzählen. (72 S.), Verlag Siegfried Rieck, Delmenhorst; 1987
Plotz, Olaf: Wo Kobolde wachsen. Alte Bäume erzählen. (78 S.), Edition Katzenvilla, Kellinghusen; 1989
Delfs, Jürgen: Bekannte und verborgene Naturdenkmale im Raum Gifhorn-Wolfsburg. (184 S.), Schriftenreihe zur Heimatkunde der Sparkasse Gifhorn-Wolfsburg, Nr.7, Gifhorn; 1991
Fröhlich, Hans J.: Wege zu alten Bäumen. Band 5: Niedersachsen. (196 S. + 16 T.), WDV-Wirtschaftsdienst, Frankfurt/M.; 1993
Rohrssen, Theo: Naturdenkmale und andere alte Bäume im Stadtgebiet Hannover. (76 S.), Privus, Hannover; 1996
Peucker, Hartmut & W. Veltrup: Wege zur Natur. Naturdenkmale in Osnabrück: Zehn Touren. (94 S.), Secolo-Verlag, Osnabrück; 1997

Nordrhein-Westfalen

Rade, E.: Verzeichnis der hervorragendsten Bäume in Westfalen und Lippe. Jahresbericht des westfälischen Provinzialvereins für Wissenschaft und Kunst. 12: 152-162, Münster; 1883
Schlieckmann, Emil: Westfalens bemerkenswerte Bäume. (104 S.), Velhagen & Klasing, Bielefeld; 1904
Förster, Hans: Bäume in Berg und Mark, sowie einigen angrenzenden Landesteilen. (184 S. + 15 T.), Verlag Gebrüder Bornträger, Berlin; 1918
Anonymus: Bemerkenswerte Bäume unserer Heimat (Lippe). Jahresbericht des lippischen Bundes für Heimatschutz und Heimatpflege 21: 10-25; 1928
Runge, Fritz: Die Naturdenkmäler, Natur- und Landschaftsschutzgebiete des Kreises Steinfurt. (100 S. + 20 T.), Schriftenreihe des Kreises Steinfurt Nr. 2, Greven; 1982
Amt für Umweltschutz (Hrsg.): Kreis Siegen-Wittgenstein. Naturdenkmale und geschützte Landschaftsbestandteile. (290 S.), Siegen; 1989/90
Beyer, Klaus: Naturdenkmale im Rhein-Sieg-Kreis. (176 S.), Siegburg; 1991
Fröhlich, Hans J.: Wege zu alten Bäumen. Band 4: Nordrhein Westfalen. (212 S.), WDV-Wirtschaftsdienst, Frankfurt/M.; 1992
Becker, Alfred: Bäume als Zeitzeugen. Dargestellt an ausgewählten Beispielen im Siegerland. (44 S.), Schriftenreihe der Landesforstverwaltung Nordrhein-Westfalen Nr.3, Düsseldorf; 1996
Marenberg, Günter: Naturdenkmale im Kreis Aachen. (201 S.), Heimatblätter des Kreises Aachen, Nr.51, Aachen; 1998
Autoren-Kollektiv: Bäume als Zeitzeugen. Dargestellt an ausgewählten Beispielen im Forstamt Steinfurt. (32 S.), (= Schriftenreihe der Landesforstverwaltung Nordrhein-Westfalen Nr. 7); 1998
Sänger, Ralf & M. Poggel: Grüne Route: Mit dem Fahrrad zu den wunderbaren Wesen im Kreis Unna. (80 S.), Druckverlag Kettler, Bönen; 2000
Dallmann, Gerhard: Lieblich lind duften die Lindenbäume. »1000-jährige« Linden in Minden-Ravensburg-Lippe. Legenden und Wirklichkeit. (115 S.), Selbstverlag G. Dallmann, Herford; 2001
Sänger, Ralf: Bäume. Wunderbare Wesen im Kreis Unna (überarb. + erw. Aufl.). (172 S.), Verlag Kettler, Unna; 2003
Jendrejewski, Ferdinand: Baum-Impressionen. Naturdenkmale in Münster. (176 S.), Fotoforum-Verlag, Münster; 2006
Offenberg, Klaus (Red.): Liebesbäume im Ruhrgebiet. (68 S.), Landesforstverwaltung NRW, Arnsberg; 2003
Rasche, Werner: Von Bäumen und Denkmälern. Unverzichtbare Kulturgüter im Mühlenkreis Minden-Lübbecke. (160 S.), Verlag für Regionalgeschichte, Bielefeld; 2004

Rheinland-Pfalz

Voigt, Walter & F. Wirtgen: Bericht über die Vorarbeiten zur Herausgabe eines forstbotanischen Merkbuches für die Rheinprovinz. Verhandlungen des Naturhistorischen Vereins der Preussischen Rheinlande, Westfalens und des Regierungsbezirks Osnabrück 62: 65-86, Bonn; 1905
Wilde, Julius: Kulturgeschichte der rheinpfälzischen Baumwelt und ihrer Naturdenkmale. (563 S.), Pfälzische Presse Verlag Thieme, Kaiserslautern; 1936
Busch, Peter J.: Naturdenkmale. Ein Heimatbuch des Trierer Raumes. (344 S.), Verlag Aurel Bongers, Recklinghausen; 1952
Kreisverwaltung Birkenfeld (Hrsg.): Die Naturdenkmale und geschützten Landschaftsbestandteile im Landkreis Birkenfeld/Nahe. (68 Bl. + 1 Karte) (= Kreisnachrichten Nr. 2), Baumholder; 1981
Gehendges, Rita: Naturdenkmale des Landkreises Daun. (322 S.), Daun, 1985
Best, Volker et al.: Geschützte Natur im Westerwald-Kreis. (96 S.), Seral Druck, Ransbach-Baumbach; 1986
Fröhlich, Hans J.: Wege zu alten Bäumen. Band 3: Rheinland-Pfalz / Saarland. (152 S. + 16 T.), WDV-Wirtschaftsdienst, Frankfurt/M.; 1991
Böhres, Franz: Bäume in Rheinhessen. Verlag der Rheinhessischen Druckwerkstätte, Alzey; 1992

Saarland

Kremp: Bemerkenswerte Bäume der Saarlandschaft als Naturdenkmale. Mitteilungen der Deutschen Dendrologischen Gesellschaft 49: 174-178 + 1T.; 1937

Sachsen

Eckardt, Max: Merkwürdige Bäume aus dem Vereinsgebiete (Sächsisch-böhmiche Schweiz) Nr. 1-31. Bergblumen 1 (1886) -7 (1892)
Eisentraut, Max: Merkwürdige, denkwürdige und ehrwürdige Bäume des Vogtlandes. Mitteilungen des Landesvereins sächsischer Heimatschutz 9 (1/3): 36-46; 1920
Herrmann, Reinhold & M. Nowak: Die alten Bäume der Amtshauptmannschaft Döbeln. (46 S.), Landesverein Sächsischer Heimatschutz, Dresden; 1937
Fröhlich, Hans J.: Wege zu alten Bäumen. Band 11: Sachsen. (198 S. + 16 T.), WDV-Wirtschaftsdienst, Frankfurt/M.; 1994
Wache, Heike: Naturdenkmale des Kreises Torgau. (27 S.), Landratsamt des Kreises Torgau, Torgau; 1994
Schaarschmidt, Horst & R. Reusch: Bäume: Naturdenkmale in Leipzig. (84 S.), Verlag L. Heydick, Beucha; 1996
Friedrich, Klaus: Baumbuch 2000 (Kreis Döbeln). (180 S.), NABU (Landesverein Sachsen, Kreis Döbeln), Auterwitz; 2000
Trinks, Karen (Projektbearb.): Baum-Naturdenkmale in der Region Oberes Elbtal / Osterzgebirge. (137 S.), UBIK-Verlag, Radebeul; 2004

Sachsen-Anhalt

Mertens, A.: Bemerkenswerte Bäume im Holzkreise des Herzogtums Magdeburg. Mitteilungen des Vereins für Erdkunde zu Halle 28: 53-97; 1904
Lange, Max: Deutsche Eichen (Anhalt). (16 S. + 48 T.), Zirkel Architekturverlag, Berlin; 1926
Lange, Max: Unsere deutschen Eichen (Anhalt). (319 S.), Verlag Walter Schwabe, Dessau; 1937
Rausch, H.: Naturdenkmale des Kreises Ruppin. Ruppiner Heimathefte 7: 5-22 + 97-103 + 8 T.; 1937
Fröhlich, Hans J.: Wege zu alten Bäumen. Band 7: Sachsen-Anhalt. (172 S. + 16 T.), WDV-Wirtschaftsdienst, Frankfurt/M.; 1994

Schleswig-Holstein

Niemann, August: Holsteins Eichen und Buchen. Kieler Blätter 1 (3): 377-403; 1815
Heering, Wilhelm: Forstbotanisches Merkbuch. Nachweis der beachtenswerten und zu schützenden urwüchsigen Sträucher, Bäume und Bestände im Königreich Preussen. IV: Provinz Schleswig-Holstein. (120 S. + 26 T.), Gebrüder Bornträger, Berlin; 1906
Heering, Wilhelm: Bäume und Wälder Schleswig-Holsteins. Ein Beitrag zur Natur- und Kulturgeschichte der Provinz. (192 S. + 22 T.), Schmidt & Klaunig, Kiel; 1906 (auch in: Schriften des naturwissenschaftlichen Vereins Schleswig-Holstein 13 (1): 115-190 + T. 1-8, 1905; 13 (2): 291-404 + T. 9-22, 1906)
Bölckow, Erik, H. Fuhrmann & H. Vollmer: Bäume und Wälder in Kiel und Umgebung. Schönheit, Bedeutung, Gefährdung. (191 S.), Walter G. Mühlau Verlag, Kiel; 1992
Fröhlich, Hans J.: Wege zu alten Bäumen. Band 6: Schleswig-Holstein, Hamburg, Bremen. WDV-Wirtschaftsdienst, Frankfurt/M.; 1994
Denker, Walter & R. Stecker: Alte Bäume in Dithmarschen. (104 S.), Verlag Boyens & Co., Heide; 1997
Heydemann, Fritz: Alte Eichen im Kreis Plön. Ergebnisse einer Kartierung der ältesten und dicksten Bäume. Jahrbuch für Heimatkunde im Kreis Plön 29: 40-60, Plön; 1999

Thüringen

Schmidt, Louis: Thüringens merkwürdige Bäume. (14 S.), Stollbergsche Buchdruckerei, Gotha; 1920
Anonymus: Baumgiganten Thüringens. (96 S.), Thüringer Ministerium für Landwirtschaft und Forsten, Erfurt; 1992
Anonymus: Baumschönheiten im Wartburgkreis. Naturschutz im Wartburgkreis 2: 1-56, Eisenach; 1994
Fröhlich, Hans J.: Wege zu alten Bäumen. Band 10: Thüringen. (220 S. + 16 T.), WDV-Wirtschaftsdienst, Frankfurt/M.; 1994
Heerda, Ewald: Unsere Bäume. Eine Studie über Bäume im Eichsfeld. (64 S. + 1 Karte), Cordier Satz + Druck, Heiligenstadt; 1994
Heinrich, W. et al.: Wertvolle Bäume und Alleen in Thüringen. Landschaftspflege und Naturschutz in Thüringen 31: 1-28, Jena; 1994
Neid, Holger: Interessante Bäume in Mühlhausen und Umgebung. (64 S.), Stadtverwaltung Mühlhausen, Mühlhausen; 1994
Höhne, Martina & R. Prescher: Vergesst die alten Bäume nicht. Naturdenkmale im Landkreis Nordhausen. (106 S.), Landkreis Nordhausen, Entwicklungs-Gesellschaft, Bleicherode; 1996
Conrad, Reinhard et al.: Bäume (in und um Gera). (124 S.), Veröffentlichungen des Museums für Naturkunde der Stadt Gera (Naturwissenschaftliche Reihe), Sonderheft 25, Gera; 1998
Degenhardt, Uwe & R. Kolbe: Sagenhafte Bäume in Thüringen. (162 S.), Schutzgemeinschaft Deutscher Wald, Landesverband Thüringen, Erfurt; 1999
Schleip, Susann, E. Fritzsch & V. Gorff: Naturdenkmale in der Stadt Gotha – Bäume –. (62 S.), (= Schriftenreihe Naturschutz im Landkreis Gotha Nr. 2), Gotha; 2003
Conrad, Uwe & R.+G. Conrad: Starke Bäume (in Thüringen). Kalender auf die Jahre 2002, 2004, 2005 und 2007 mit je 13 Blättern und umseitigem Text, Gera.

Bildnachweis/Taillenmessung

In der folgenden Übersicht finden Sie alle im Buch enthaltenen Bäume beziehungsweise Fotos verzeichnet. Die Spalte »Umfang« nennt den Umfang des Stammes an seiner »dünnsten« Stelle (Taillenmessung: vgl. hierzu den Text S. 8). Die Abkürzungen bedeuten: n. m. = nicht messbar, – – = Messung nicht vorgenommen, R = Rest. Fotografen: SK = Stefan Kühn, BU = Bernd Ullrich, UK = Uwe Kühn.

Nr.	Seite	Umfang (in m) 1999–2001	Fotograf	Nr.	Seite	Umfang (in m) 1999–2001	Fotograf	Nr.	Seite	Umfang (in m) 1999–2001	Fotograf	Nr.	Seite	Umfang (in m) 1999–2001	Fotograf
1	7	7,04	BU	53	57 u	9,36	BU	103	101	7,61	SK	151	145 o	9,49	BU
–	9	– –	UK	54	58	7,61	SK	104	102	7,67	SK	152	145 u	5,65	BU
2	12	6,63	BU	55	59 li	8,63	SK	105	103 o	7,45	SK	153	146	5,62	BU
3	13	4,70	BU	56	59 re	7,70	SK	105	103 u	7,45	BU	154	147	8,71	BU
4	14	17,80	UK	57	60	13,76	SK	106	104	8,61	BU	155	148/149	5,98	UK
5	15	7,72	SK	57	61 li	13,76	BU	107	105 li	9,48	UK	156	150 o	9,60	BU
6	16	4,75	BU	58	61 re	8,82	UK	108	105 re	9,70	SK	156	150 u	9,60	SK
7	17	3,40	BU	59	62	4,15	UK	109	106	8,16	BU	157	151 u	10,81	SK
8	18 li	4,03	BU	60	63	– –	SK	110	107	6,20	SK	158	152	R = 4,60	UK
9	18 re	4,11	BU	61	64	7,70	UK	111	108 li	5,50	UK	158	153 o	R = 4,60	BU
10	19	4,65	BU	62	65	– –	SK	112	108 re	7,74	SK	159	153 u	6,68	BU
11	20 li	5,04	BU	63	66/67	– –	SK	113	109 u	3,27	SK	160	154 li	8,88	UK
12	20 re	5,12	SK	63	67 re	– –	UK	114	109 o	8,60	SK	160	154/155	8,88	BU
13	21	– –	SK	64	68 o	9,73	SK	115	110	8,50	UK	161	156 u	7,51	UK
14	22	6,92	SK	65	68 u	11,11	SK	116	111	10,10	SK	162	157 li	7,49	BU
15	23	6,38	BU	66	69	5,21	UK	117	112/113	14,18	SK	163	157 re	9,19	UK
16	24/25	4,42	BU	67	70	6,86	SK	117	113 re	14,18	UK	164	158	6,60	SK
17	26 li	5,13	UK	68	71 re	8,60	BU	118	114 li	9,95	BU	165	159 li	9,01	BU
18	26 re	– –	SK	68	71 li	8,60	SK	119	114 re	11,59	SK	166	159 re	8,67	BU
19	27	7,98	SK	69	72	5,54	SK	120	115	9,40	SK	167	160 li	3,09	SK
20	28 li	3,67	UK	70	73 o	7,93	BU	121	116	5,79	SK	168	160 re	4,57	SK
21	28 re	4,10	BU	71	73 u	7,26	SK	121	117	5,79	SK	169	161	5,79	SK
22	29	4,13	SK	72	74 li	9,48	SK	122	118 o	6,85	SK	170	162/163	8,60	BU
23	30/31	14,48	BU	72	74 re	9,48	BU	122	118 u	6,85	BU	170	164	8,60	BU
23	31 u	14,48	SK	73	75 li	6,82	UK	123	119	7,90	SK	171	165 u	10,26	UK
24	32	n. m.	SK	74	75 re	8,03	SK	124	120	8,40	BU	172	166 o	6,70	BU
25	33	8,43	BU	75	76	5,66	SK	125	121	8,60	SK	172	166 u	6,70	UK
26	Vorsatz, 34	6,22	BU	76	77	3,94	SK	126	122	5,62	SK	173	167 li	10,60	BU
27	35 o	6,71	SK	77	78/79	7,93	BU	127	123 li	4,36	UK	174	167 re	8,20	SK
28	35 u	9,28	SK	77	79	7,93	SK	128	123 re	9,48	UK	175	168	– –	UK
29	36	n. m.	SK	78	80	9,51	BU	129/130	124/125	5,83/6,12	UK	176	169 o	4,92	BU
29	37 li	n. m.	SK	78	81 o	9,51	BU	129	125 re	5,83	UK	176	169 u	4,92	BU
30	37 re	7,45	SK	79	81 u	– –	SK	130	126 o	6,12	BU	177	170 li	8,59	BU
31	38	5,48	UK	80	82 li	8,56	BU	131	126 u	6,00	BU	178	171 li	2,00 + 2,40	BU
32	39	4,52	SK	81	82 re	– –	SK	132	127	6,93	SK	179	171 re	– –	SK
33	40/41	6,80	SK	82	83	R = 6,97	SK	133	128 o	7,42	SK	180	172	5,15	UK
33	41	6,80	UK	83	84	9,31	UK	134	129 o	7,67	BU	181	173 li	9,87	BU
34	42 re	8,39	UK	84	85	9,12	SK	135	1, 129 u	7,50	BU	182	173 re	8,91	UK
35	43 o	5,15	UK	85	86	10,46	SK	136	130	6,69	SK	183	174 u	13,20	UK
35	43 u	5,15	SK	86	87 o	9,72	BU	137	131	7,13	BU	184	175	10,27	UK
36	4/5, 44	11,75	SK, UK	87	87 u	4,85	BU	138	132 o	7,23	UK	185	176 li	8,32	BU
37	45	4,78	BU	88	88 o	2,92	SK	138	132 u	7,23	BU	186	176 re	8,12	BU
38	46	9,04	SK	89	88 u	7,49	UK	139	133	5,30	UK	187	177	11,28	UK
39	47 li	7,43	SK	90	89	7,56	SK	140	134	5,66	BU	188	178 li	4,84	SK
40	47 re	7,70	UK	91	90	5,03	SK	141	135	7,53	UK	189	178 re	6,52	BU
41	48 li	6,81	UK	92	91	3,40	SK	142	136 o	4,01	BU	190	179	6,29	UK
42	48 re	7,28	BU	93	92/93	5,92	SK	142	136 u	4,01	BU	191	180 li	9,13	SK
43	49	7,56	UK	93	93 u	5,92	BU	143	137 o	9,31	BU	192	180 re	5,45	UK
44	50/51	8,99	BU	94	94	10,30	UK	144	138	6,36	BU	193	181 o	4,94	BU
44	51 u	8,99	SK	95	95	8,98	BU	145	139	7,08	UK	194	182	10,09	BU
45	52	10,07	BU	96	96 o	9,13	BU	146	140	6,30	UK	194	183	10,09	SK
46	53 o	8,70	BU	96	2/3, 96 u	9,13	UK, SK	146	141 li	6,30	UK	195	184 li	8,12	BU
47	54 li	8,43	UK	97	97 o	7,30	SK	147	141 re	8,60	BU	196	184 re	8,36	BU
48	54 re	8,06	BU	98	97 u	9,62	SK	148	142	9,31	SK	197	186	7,80	BU
49	55	– –	SK	99	98 o	4,01	BU	149	143 re	9,66	BU	198	187	R = 4,82	BU
50	56 o	7,95	UK	100	98 u	4,75	UK	149	143 li	9,66	SK				
51	56 u	8,82	SK	101	99	8,80	SK	150	144 o	7,03	BU				
52	57 o	8,05	SK	102	100	10,33	UK	150	144 u	7,03	UK				

Die historischen Darstellungen wurden folgenden Werken entnommen (ausführliche Zitate siehe Literaturverzeichnis unter dem angegebenen Bundesland):

S. 10: Mielck, 1863 (International)
S. 11: Selbmann, Sibylle: Der Baum. Symbol und Schicksal des Menschen. Badenia Verlag, Karlsruhe, 1993
S. 32: Privatbesitz
S. 35: »Mitteilungen des Rheinischen Vereins für Denkmalpflege und Heimatschutz«, 1912
S. 42: Privatbesitz
S. 49: Mertens, 1904 (Sachsen-Anhalt)
S. 53: Schlie, Friedrich: Die Kunst- und Geschichtsdenkmäler des Großherzogtums Mecklenburg-Schwerin, Band 5. Bärensprungsche Hofbuchdruckerei, Schwerin, 1902
S. 86: »Gartenlaube«, 1892
S. 89: »Gartenlaube«, 1899
S. 102: Meier-Lemgo, Karl E.: Wanderfahrten durch Lippe – Wort und Bild: F. L. Wagner, Lemgo, ca. 1932
S. 104: Dallmann, 2001 (Nordrhein-Westfalen)
S. 111: »Bemerkenswerte Bäume im Großherzogtum Hessen in Wort und Bild«, 1904 (Hessen)
S. 115: »Alte und neue Welt«, 1873
S. 120: Stützer, 1902 (Bayern)
S. 126: Klein, 1908 (Baden-Württemberg)
S. 128: Klein, 1908 (Baden-Württemberg)
S. 137, 138: Feucht, 1911 (Baden-Württemberg)
S. 149, 151: Stützer, 1902 (Bayern)
S. 152: Müller, 1971 (Bayern)
S. 156: Stützer, 1900 (Bayern)
S. 163: Rueß, 1922 (Bayern)
S. 165: Stützer, 1902 (Bayern)
S. 167: Grabe, 1991 (Bayern)
S. 170: Stützer, 1900 (Bayern)
S. 181: Renger-Patzsch, 1962 (Deutschland)
S. 185: »Jahreshefte des Vereins für Vaterländische Naturkunde in Württemberg«, 1868

Bibliografische Information Der Deutschen Bibliothek

Die Deutsche Bibliothek verzeichnet diese Publikation in der Deutschen Nationalbibliografie; detaillierte bibliografische Daten sind im Internet über http://dnb.ddb.de abrufbar

Fünfte, erweiterte Auflage, Neuausgabe

BLV Buchverlag GmbH & Co. KG
80797 München

Umschlaggestaltung:
Anja Masuch, Fürstenfeldbruck

Umschlagfotos:
Vorderseite, großes Bild: Uwe Kühn (Eiche Bischofswald)
kleine Bilder v. l. n. r.: Uwe Kühn (Walkstetter Linde bei Bernstadt), Stefan Kühn (Ahorn an der Amöneburg und Linde in Speck)
Rückseite: Uwe Kühn (Lenzeiche bei Sichertshausen)
Umschlagklappe: Bernd Ulrich (Birne in St. Georgen und Ahorn im Hirschpark Hamburg)

Foto Vorsatz: Bernd Ullrich (Buchen in der Tinner Loh)
Karte Nachsatz: Computergrafik Jörg Mair

Lektorat: Dr. Friedrich Kögel
Herstellung: Hermann Maxant
Layout: Walter Werbegrafik, Gundelfingen
Satz: agentur walter, Gundelfingen

Gedruckt auf chlorfrei gebleichtem Papier

Printed in Germany · ISBN 978-3-8354-0183-9

Register

Eine kleine Auswahl aus unserem Programm

Michael Lohmann
Der BLV Tierführer für unterwegs
Details erkennen – sicher bestimmen: Säugetiere, Vögel, Reptilien, Amphibien, Insekten und andere in naturgetreuen Zeichnungen; Kennzeichen, Vorkommen, Lebensweise und interessante Fakten.
ISBN 978-3-8354-0054-2

Stefan Kühn/Bernd Ullrich/Uwe Kühn
Deutschlands alte Bäume
Begegnungen mit faszinierenden Persönlichkeiten:192 bedeutende, oft jahrhundertealte Bäume in ausdrucksstarken Fotos, die speziell für diesen Bildband entstanden; zu jedem Baum: Geschichte, Sagen, Mythen, Anfahrtswege; Übersichtskarte mit Standorten.
ISBN 978-3-8354-0183-9

Mario Ludwig/Friedrich Kögel
Die Erde – Rätsel, Fakten und Rekorde
Lesevergnügen rund um die Erde: Rekorde und Superlative, Fakten und Irrtümer, Staunenswertes und spannende Storys; mit heiteren llustrationen von Jan Gulbransson.
ISBN 978-3-8354-0141-9

Eckart Pott
Im Wald
Das Ökosystem Wald und seine Bedeutung für den Menschen; die Tiere des Waldes – mit ihren Stimmen auf CD; die häufigsten Pflanzen im Wald; Hörbeispiele von Waldstimmungen: Bäume im Wind, Gewitter, Feuer usw.
ISBN 978-3-8354-0185-3

Der Tier- und Pflanzenführer für unterwegs
Das kompakte Bestimmungsbuch mit 900 Tier- und Pflanzenarten und 1350 Farbfotos – ideal für unterwegs; mit bis zu 5 Fotos pro Art und Sonderteilen, die das Bestimmen zusätzlich erleichtern.
ISBN 3-8354-0019-3

Mario Ludwig/Harald Gebhardt
Die 55 gefährlichsten Tiere der Welt
Spannende Lektüre, auch für Jugendliche: die gefährlichsten Tiere der Welt im Porträt – von Löwe und Eisbär über Tigermoskito und Speikobra bis Piranha und Seewespe; Merkmale, Vorkommen, gefährliche Verwandte, Geschichte und Geschichten.
ISBN 978-3-8354-0095-5

Thomas Schauer/Claus Caspari
Der BLV Taschenführer Pflanzen
Besonders handlich – ideal für unterwegs: über 350 Pflanzen – Gräser, Bäume und Sträucher, detailgenaue Zeichnungen für zweifelsfreies Bestimmen, zuverlässiger Farbcode für schnellen Zugriff.
ISBN 978-3-8354-0139-6

Gertrud Scherf/
Zeichnungen: Claus Caspari
Wildpflanzen neu entdecken
Viel mehr als ein Bestimmungsbuch: die wichtigsten wild wachsenden Blumen, Kräuter, Sträucher und Bäume mit ihren Merkmalen und ihrer jeweiligen Bedeutung für den Menschen; mit phantastischen Zeichnungen von Claus Caspari, einem der besten zeitgenössischen Pflanzenmaler.
ISBN 978-3-8354-0062-7

Die zuverlässigen Berater

BLV Bücher bieten mehr:

- mehr Wissen
- mehr Erfahrung
- mehr Innovation
- mehr Praxisnutzen
- mehr Qualität

Denn 60 Jahre Ratgeberkompetenz sind nicht zu schlagen!

Unser Buchprogramm umfasst über 750 Titel zu den Themen

Garten · Natur · Heimtiere · Jagd · Angeln · Sport · Golf · Reiten · Alpinismus · Fitness · Gesundheit · Kochen.

Ausführliche Informationen erhalten Sie unter **www.blv.de**

Dass Sie sich gut beraten fühlen – das ist unser Ziel. Falls Sie Fragen und/oder Anregungen haben, schreiben Sie uns bitte:

BLV Buchverlag GmbH & Co. KG
Lektorat · Lothstraße 19
80797 München
Postfach 40 02 20
80702 München
Telefon 089/12 02 12-0 · Fax -121
E-mail: blv.verlag@blv.de

blv

Mehr Erlesen!

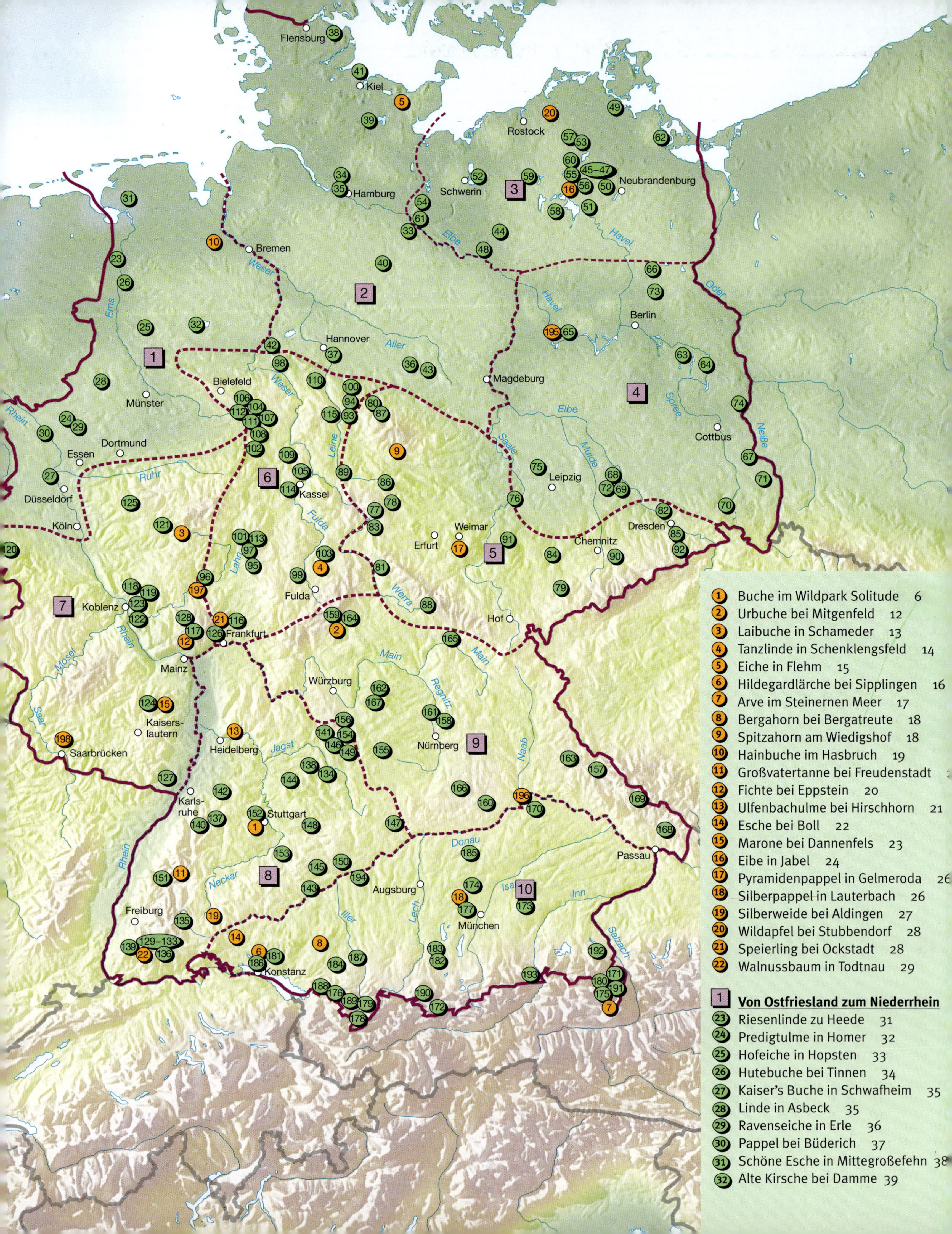

Flensburg
Kiel
Rostock
Neubrandenburg
Schwerin
Hamburg
Bremen
Weser
Elbe
Havel
Oder
Berlin
Hannover
Aller
Ems
Magdeburg
Bielefeld
Münster
Rhein
Dortmund
Essen
Düsseldorf
Ruhr
Köln
Kassel
Fulda
Leine
Saale
Spree
Cottbus
Neiße
Mulde
Leipzig
Weimar
Erfurt
Chemnitz
Dresden
Lahn
Werra
Hof
Koblenz
Mosel
Frankfurt
Mainz
Main
Würzburg
Regnitz
Kaisers-
lautern
Saar
Saarbrücken
Heidelberg
Jagst
Nürnberg
Naab
Karls-
ruhe
Stuttgart
Donau
Passau
Neckar
Augsburg
Iller
Lech
Isar
Inn
München
Freiburg
Konstanz
Salzach